野生の猛禽を診る

獣医師・
齊藤慶輔の
365日

齊藤慶輔
SAITO Keisuke

北海道新聞社

野生の猛禽を診る　獣医師・齊藤慶輔の365日／目次

日本でも百数十つがいが繁殖しているオジロワシ

威厳ある風貌のシマフクロウ

はじめに

野生動物専門の獣医師として働き始めて、今年でちょうど20年目になる。動物の命を救うことを生業とする獣医師として野生動物の保全に一役買えないか、という気持ちに押されて飛び込んだ世界であったが、その道のりは思いのほか複雑で、現実と理想のはざまで途方に暮れることも少なくなかった。それでも何とかここまで乗り切ることができたのは、私の活動に共感し、応援したり手を差し伸べてくださった多くの方々の存在があったからに他ならず、感謝の気持ちはひと言で言い表せない。

趣味のバードウオッチングを仕事にできて幸せだね、という声も時々聞こえる。確かにその通りだと思う半面、安らげる居場所を仕事場にしてしまったことで、いつの間にか野生動物のプロとしての自覚を持ち続けるよう意識し野鳥を診る（見るではなく）ようになり、その点では心のオアシスを一つ失ってしまったようにも感じる。もちろん、私は自分が選んだ人生に、後悔なんてしていない。獣医学という特別なツールを使って、今まで知り得なかった野生動物の真の姿を理解し、より深く彼らと付き合えていると思うからだ。野生動物の真髄と向き合うためには、彼らや彼らの生き方を尊重し、対等の目線で接することが大切だと思っている。「かわいそうだから助けてあげる」といった慈善活動としての救護や、「ワシ君、フクロウちゃん」のように動物を擬人化して接することは必ずしも野生動物を守ることにはつながらないと思うのだ。

以前取材で「あなたの役割とは」と問われ、私は白血球でありたいと答えた。質問した記者が何のことだか理解できずに、不思議そうな顔をしていたのが思い出される。白血球にはいくつもの種類があり、ある動物が病気やけがなどに見舞われると、その時々の原因や病状に応じて、専門的な役割をもつ白血球が増えて病原体などに対抗する。現在の地球はさまざまな人間活動による影響を強く受け、生態系の健全性が損なわれつつある。近年、現状に反応するように、それぞれ得意分野をもった人間が、自然環境を治療するという共通の目標を見据えて動き出そうとしている。けがや病気の動物の救護にとどまらず、事故の再発防止を目指す事業体、環境管理を行う行政、さらには現状を世の中に広く正しく伝えるマスメディアなど、それぞれがプロとして互いに尊重し合い、連携するようになってきたのだ。この行為はまさに白血球の姿そのものであり、地球を生命体と位置付けるガイア理論を彷彿（ほうふつ）とさせる。私は獣医師として、病んだ地球の白血球であり続けたいと思っている。

活動を始めて20年という節目に、野の者たちと一緒に刻んできた自らの道のりを振り返り、自戒の念も込めてここで明らかにすることで、私の足跡をたどってくれている多くの後進諸君が、ささやかな道標として参考にしてくれることを期待してやまない。

1章　猛禽類を守る

なぜ猛禽類を守るのか

猛禽(もうきん)類とは、一般に他の動物を捕食して生活する、ワシやタカ、フクロウ類などの鳥類のことをいう。自然の中で生活している猛禽類の生活史に目を向けると、彼らを取り巻く環境の状態が手に取るように見えてくる。さまざまな原因による環境変化の影響を真っ先に受けるのは、生態系の頂点に位置する食物連鎖の上位に位置する動物たちだからだ。しかしながら、彼らの置かれている状況を正確に把握することは決して容易ではなく、長期にわたる過酷な野外調査が必要とされることも少なくない。一方、けがや病気で収容される野生動物からもたらされるさまざまな情報は、通常では気が付きにくい環境の健康状態を間接的に知る上で、とても貴重なものといえる。

生態系ピラミッドの頂点に位置する猛禽類を守るということは、図らずも彼らより下位に位置し、食物連鎖では被捕食者となっているさまざまな動植物を、まるで「傘下」に置

「ワシのなる木」と呼ばれる光景。ワシ類の餌場やねぐらで見られる北海道の風物詩だ

巨大なくちばしが特徴的なオオワシ

低空を飛翔するクマタカ。
森林生活に適応した高い身体能力を持ち「森の忍者」の異名がある

北海道を代表する希少猛禽類のシマフクロウ

くかのように守ることとなる。また、広い範囲の生態系・生物多様性を保全する「傘」としての役割も併せ持つことから、猛禽類は「アンブレラ（傘）種」と呼ばれている。

生態系の頂点に位置する猛禽類は、一般的にその他の動物に比べて数が少ない。特にオオワシやシマフクロウなどの大型猛禽類は、絶滅の危機にある「希少種」であることが多く、日本では「種の保存法」における国内希少野生動植物種などとして厳重に保護されている。個体数が少ないということは、1羽の命が種の存続に大きな役割を担っているということでもあり、傷ついた希少種を治療して再び野生に戻すという試みは、個体のみならず種全体を守ることにもつながっているのである。さらに猛禽類は、「キーストーン種」とも呼ばれている。数は少ないものの、生態系全体のバランスを保つ上で重要な役割を担っており、これを石橋などの要石（キーストーン）に例えてこのように呼ぶ。

猛禽類の生活を注視し、彼らが健全な生活を営めるように努めることは、野生動物と人間を取り巻く自然環境を丸ごと守るということにつながっているのだ。

幼少時代、私はフランス・パリ郊外の都市、ベルサイユの近くで過ごした。とても自然豊かな町で、学校が終わればすぐ近くにあった森に行き、自然の中で思い切り遊んだ。森の中には野生動物がたくさん生息しており、野鳥はもちろんのこと、ハリネズミなどもご

小学生時代の私(ブーローニュの森にて)

く普通に見ることができた。時には小鳥の巣を探して卵を採るなど、今になって思えば悪い遊びもした。季節によっては、週末に家族とスズランを摘み、ワラビを刈り、クリ拾いなどにも勇んで出かけた。日常生活の中に自然との関わりがあり、それが当たり前の毎日だった。学校では自然や環境を題材にした授業が頻繁に行われた。落ち葉の降り注ぐ秋には、色とりどりの枯れ葉を集め標本を作り、樹種や生態を調べてレポートした。時にはシカやイノシシなどが観察できる森の保護区に出かけ、野生動物に関する野外授業を受けたりもした。校外からさまざまなジャンルの専門家を招いた特別講義もたくさんあった。農家や酪農家、薬剤師や医師、そして渡り鳥に足環(あしわ)を付けて生態を調べる研究者までもが登場した。中でも、動物病院の獣医師が登壇したときは、授業が特別に盛り上がったのをよく覚えている。動物に関するさまざまな質問に対して、即座に分かりやすく答える彼の姿は、私たち子供にはヒーローとして映った。当時、自宅でシェパード犬を飼っていたこともあって、獣医師は日頃から身近な存在だった。特に野生動物が好きだった私は、獣医師として自然の中で生きている動物に関わっていきたいという、おぼろげな夢を描いたのもそのころだった。中学生となって帰国し、横浜市内の県立高校を経て、当時としては唯一野生動物医学に関する研究室が開設されていた日本獣医畜産大学（現・日本獣医生命科学大学）になんとか転がり込んだのは、今になって思えば必然だったのかもしれない。

大学生になって間もないころ、私は登山にのめり込んでいた。日頃から登山情報誌などを読みあさり、週末や休日になるとまるで何かに取りつかれたかのように稜線（りょうせん）や雪渓に足を運んだ。

そんな中、南アルプスの岩場で、その後の人生を大きく変える事件が起こった。急な岩場にバランスを保ちながらへばり付いていた私は、突然ただならぬ気配を背後に感じた。振り返ると、巨大な黒い影が冷たい空気の中を音もなく滑っていった。ほんの数秒間の出来事。岩肌にしがみついたまま、じっと息を殺していると、影は再び近づいてきた。今度は時折鋭い声を発しながら。肩越しに一瞬見えた黒い塊は、まさしく巨鳥のシルエットだった。突然の出来事に背筋を凍らせ、無我夢中で下山したらしいが、その時のことはよく覚えていない。岩場の麓に着いてから、再び強烈な恐怖感が私を襲ってきた。一体あれは何だったのか。

人里に戻ってからも、そのことが脳裏から離れず、この体験を境に私の新たな岩場通いが始まった。今までとは全く別の目的……得体の知れぬ、巨大な鳥の正体を確かめるために。

巨鳥が再び目の前に姿を現したのは、それから半年もたったころだった。あの時と同じように、山間を滑るように飛び、瞬く間に姿を消した。〝風の精〟の正体がイヌワシであるという確信を持つまでには、さらに長い時間を要した。恐怖から始まったワシへの感情は、彼を追い求めていくうちに次第に憧れへと変わった。これまで持っていた鳥へのイメージを根底から覆す、威厳に満ちた神々しいほどの存在感。そしてその一方で、調べれば調べるほど、そのイメージとはほど遠い彼らの現状も分かってきた。人間によるさまざまな環境破壊や密猟などによって、多くの大型猛禽類(もうきん)がその数を減らしているという。自分を恐怖のどん底に突き落としたあの巨大な鳥が、実は人間の影響を強く受け、その生存が脅かされている。自分に恐怖を抱かせたほどの、この野生動物と、これからも一緒に暮らしていきたい。この素晴らしい者たちをこの地球上から葬り去ってはならない。私は心の底からそう思った。絶滅の危機にある野生動物を守るため、一体何をしたらいいのか、そして、自分には一体何ができるのか。すでに獣医学の道を歩み始めていた私は、獣医師として彼らの保護に携わりたい、そう思ったのである。

野生動物の保護活動は世界各地で行われている。とりわけ猛禽（もうきん）類については、勇猛果敢な生態やその容姿から欧米諸国を中心に熱狂的なファンが多く、政府や民間団体を巻き込んだ大々的な保護活動が以前より行われてきた。その代表的なものは、アメリカのカリフォルニアコンドルやハヤブサ、スコットランドのオジロワシの保全プロジェクトなどである。私は学生時代から、国内外を渡り歩き、さまざまな猛禽類の保護活動に携わってきた。日本ではイヌワシやクマタカといった希少猛禽類の生態調査にしばしば参加した。

獣医師として野生動物の保護に携わる道が開けたのは、獣医大学で野生動物学教室に籍を置かせてもらったことが大きい。当時、日本では家禽（かきん）以外の鳥類を対象にした獣医学は一般的ではなく、専門に学べる大学は皆無だった。とりわけ、野生の鳥類を対象にした獣医学的な活動については、世界的に見ても専門に取り組んでいる機関は非常に少なかった。それにもかかわらず、野鳥の獣医師を目指したいという願望を和（にぎ）秀雄教授（当時）に話したところ、自分の足で学べるところを探し、自ら率先して研究に取り組むのであれば、教室に在籍してもいいという許しをいただいた。まだインターネットが普及していない時代ではあったが、文献などから野鳥の診療や保護活動を行っている数少ない獣医師を世界中から探し出し、片っ端から手紙やファクスなどを通じて連絡を取った。特に興味があった猛禽類の保護活動の現場には直接出向き、門前の小僧となって生の情報や技術を身に付けようと考えた。

そうした中で、現在行っている取り組みに向かう大きな転機になったのは、英国・スコットランドでオジロワシの野生復帰計画に参加したことである。同国には、以前オジロワシの繁殖個体が数多く存在していたが、人間による捕殺や環境汚染、生息環境の悪化などにより地域的に絶滅してしまった。その後、英国では国家プロジェクトとして、ノルウェーで繁殖しているオジロワシのひなをスコットランドに持ち込み、野外に特設した飼育施設の中で人工的に育て上げ、人なれしていない状態で野生復帰させるという事業が取り組まれた。このプロジェクトは、国や自然保護団体、そして多くの人々が関わる大規模なものであり、その中心的な役割を担う人物、彼こそが猛禽類の移入計画の第一人者、ロイ・デニス氏であった。彼はこのプロジェクトにおいて、行政や多くの専門家を束ねていたが、夢と野望を胸に日本からはるばる乗り込んできた無知な若者を快く迎えてくれた。彼の自

スコットランドのオジロワシ野生復帰施設。内部に設置された人工巣にノルウェーから空輸されたオジロワシのひなを入れて育て、頃合いを見計らって開放された窓から巣立たせる

人工巣から巣立ったオジロワシへの補助給餌（スコットランド）。巣立ち後の生存率を高めるため、大岩を餌台に見立てて補助的な給餌を行う

宅に居候しながら、毎晩、獣医師として私に何ができるかを夜更けまで話し合った。このオジロワシのプロジェクトでは、幾人もの獣医師がひなの健康管理や調査研究に携わっていた。特に印象深かったのは、多くの専門家がそれぞれの得意分野を生かしながら、一つの共通目標に向かってひた走っていたことである。この役割分担と互いの専門性を尊重し合いながらタッグを組む姿勢は、今の私の活動の基本理念になっている。

野生生物保護センターの役割

私が代表を務める猛禽(もうきん)類医学研究所は、北海道釧路市にある環境省の施設「釧路湿原野生生物保護センター」を拠点に、新しい獣医学の分野である保全医学の立場から主に希少猛禽類のオオワシ（*Haliaeetus pelagicus*）やオジロワシ（*Haliaeetus albicilla*）、シマフクロウ（*Ketupa blakistoni*）などを対象にした保全や研究活動を行っている。

釧路湿原野生生物保護センターは、ラムサール条約締約国会議が釧路で開催された1993年、国立公園に指定されている釧路湿原や野生生物の保護管理への取り組みモデルとして開設された。以来、湿地の保全や主に道東に生息する希少野生生物の調査研究、保護活動の拠点としての役割を担ってきた。特に「種の保存法」で国内希少野生動植物種

環境省釧路湿原野生生物保護センター

シマフクロウ専用の大型フライングケージ。稼働当初はさまざまな構造上の問題があったが改良がなされ今日に至っている

に指定されているシマフクロウの保護増殖事業の一環として、けがや病気で収容された個体の野生復帰を目的とした、保護飼育のための特別な施設が整備されており、これらの鳥や野生下で生存が困難であると診断された幼鳥などを治療した後、野生復帰への訓練（リハビリテーション）を行っている。これは飼育個体を野生復帰させるにあたって、その種本来の生態を維持しながら自然界で生活するために必要な身体能力や技術を獲得させるための訓練飼育のことだ。治療によってけがや病気から回復した個体を、生息環境に近い状態で人間生活と隔絶して飼育するだけではなく、獣医学や生態学の知見に基づいたさまざまな訓練の段階を経て、野外で自活可能な状態にまで徐々に導いていく。

多くの猛禽類は自然界では獲物を捕り暮らす。獲物の種類は実にさまざまで、海ワシ類のオオワシやオジロワシはサケや動物の死体、シマフクロウは淡水魚やカエル、クマタカは生きた鳥獣やヘビ、ハチクマに至ってはハチの子を好んで食べる。センターに猛禽類を入院させる場合、最も気を使うものの一つが餌だ。病状によって消化能力や栄養面を考慮しなければならないのは獣医学の常識。野生で食べている物はもちろん、放鳥する時期に得やすい餌を想定しリハビリを行わなくてはならない。彼らの多くは人間生活がもたらす餌を利用している。川を遡上（そじょう）してくるサケは海ワシの主食だが、その多くは人の手で放流されたものだろう。また結氷した湖で行われる氷下待ち網漁では、網起こしの際に商品価

氷下待ち網漁の漁場に群がる猛禽類。漁の副産物として氷上に残される雑魚を狙い、
多くのワシやトビが集まる

魚を狙い、水に飛び込んだシマフクロウ

ハンターによって放置されたシカの死体を食べるオジロワシ（上）とオオワシ（下）
＝下の写真提供:Eric Rose

シマフクロウの重要な餌になっているオショロコマ

値の低い魚が氷上に残され、多くのワシの胃袋を満たしている。冬季に野生復帰させるワシのリハビリでは、そういった現状を考慮し丸ごとのサケや凍った雑魚を与えている。

1994年、釧路湿原野生生物保護センターに着任した私が任されたのは、環境庁（当時）の肝いりで始められたシマフクロウの飼育と健康管理だった。野生下で生き延びることが難しいと判断された個体をまずセンターに保護収容する。そして、専門的な治療を行った後に野生復帰のための訓練を施し、別性の単独個体が生息する場所に放鳥するのがこの計画の趣旨である。

着任時、シマフクロウの飼育ケージはすでに完成していた。大型ケージや何台もの監視カメラ（暗視カメラを含む）、研究室内に設置されたモニタリングシステムの遠隔操作・録画機器。総額1億数千万円以上の経費が注ぎ込まれていただけあって、一見豪華そうな印象を受けた。飼育施設の構造については、多くの専門家の意見を取り入れて設計されたと聞いたが、世界各国で大型猛禽（もうきん）類の飼育施設を見てきた私にとっては、少し首を傾げたくなるようなものが少なからず見受けられた。ケージの中にはシマフクロウの餌となる活魚を放流する池や立ち木が、生息環境を再現するような配置で設置されていたが、フクロウが風を避けつつねぐらとして使えそうな針葉樹は、大きく育つまでにはまだ相当な年月

大きい方のケージは奥行き30メートルもあり広い飛翔空間が確保されている

フライングケージの内部。野生復帰訓練を行うため、シマフクロウの生息環境が再現されている

を要するような状況。また池の排水能力が不十分で、清掃などの際に池の水を完全に抜き取ることができなかった。監視カメラの配線は、後部より何本もむき出しで出ており、完全に一つに束ねられていなかったため、シマフクロウが足を絡める危険があった。さらにケージの側面や天井は、金網の交点が溶接されていないひし形金網が多く使われており、金網をよじ登ったシマフクロウが爪先を折る危険があった。

飼育管理上問題があると思われる箇所を発見するたびに、環境庁に対して修理や改良を願い出たが、そのほとんどが施設の根本的な構造によるものが多く、すぐに対応することは難しいとの回答だった。簡単に直せる部分については自分で対処してみたものの、やはり限界があった。結果的に、飼育環境に不安を抱えた状態でシマフクロウを迎え入れざるを得なかったのである。最初にセンターに搬入されたシマフクロウは、既に別の場所（研究者の個人宅）で保護飼育されていた野生由来の個体であった。残念ながら、この個体は早い段階で誰もが予想しなかった行動をとって事故死してしまった。

ケージ内にある給餌池の排水口の上に置かれた、縦横深さそれぞれ40センチの鉄製の升の中に、泳いでいた魚を捕ろうとして飛び込み、両翼が升の縁に万歳をしたような姿勢で挟まり、溺死してしまったのである。

初めて飼ったシマフクロウが真新しい飼育施設の中で事故死したことは、当時メディアにも大きく取り上げられ、関係者は非常に意気消沈した。その後も、センターでのシマフクロウ飼育は苦難の連続だった。しばらくして野生から搬入した2羽の若い個体は、センター周辺に生息する他の野鳥が持ち込んだと思われる致死性が高いウイルス性疾患（ヘルペスウイルス）にかかり、うち1羽が死亡した。もう1羽は何とか一命を取り留めたが、当時は世界でもあまり報告がない症例だったため、死亡原因を突き止めるまでには多くの時間を要した。さらにその数年後、またしても飼育個体が突然死した。検視の結果、体内から高濃度の亜鉛が検出されたのである。調べを進めてゆくと、シマフクロウを飼育していたフライングケージの金網や支柱、さらには梁（はり）の鉄骨部分に、さびを防ぐ目的で亜鉛メッキが施されていたのである。メッキに使われた亜鉛は、雨や霧などに溶けて徐々に流れだし、ケージ内の土壌を少しずつ汚染していた。シマフクロウが池の中で魚を捕った後、岸辺で千切って食べる際に亜鉛に汚染された土が魚の体に付く。結果、餌を食べることで高濃度の亜鉛が長期間にわたり摂取されたものと思われた。飼育施設の重要な部分にまさか亜鉛が使われていたとは知らず、驚いた。しかしながら、広大なケージの至る所に使われている亜鉛メッキ部分を全て取り替える、もしくは無毒の塗料で上塗りしこれを覆うことは、すぐに対応できるようなものでは到底なかった。

もちろん、このままではシマフクロウを飼い続けることができない。この状況を根本的に改善するめどがつくまでの間、ケージ内の表土をはぎ取り新しい土に入れ替えるとともに、金網を伝って流れてくる雨水をケージ内部に入り込ませないゴム製のバリケードを金網の下部に取り付けることしか、具体的な対策を取ることができなかった。こうした想定外の出来事がセンターでシマフクロウを飼育し始めた初期の段階で立て続けに起こったため、すでに傷ついて保護された個体を治療し何羽も野生に返していたにもかかわらず、その実績はこれら事故による悪いイメージも手伝い、まっとうに評価されない時期が続いた。

その後、ようやく個体の収容、治療、リハビリテーション、放鳥、追跡調査といった一連の活動が軌道に乗り、現在はセンターにおいて予想外の事故は発生していない。数年前には、ようやく亜鉛メッキされていた金網などがステンレス製に取り替えられるか、無毒の塗料によって上塗りされた。

近年、野生復帰させたシマフクロウが、生息が確認されていなかった場所に定着したり、単独個体の生息地に異性を放したものが新たにペアを形成するといった、目に見える実績が上がり始めた。さらに釧路市動物園で生まれた個体と野生で保護された個体をセンターでペアにし、つがいの状態で野生復帰させることも行った。けがや病気で収容されたオスとメスをリハビリケージの中でつがいにし、繁殖させる試みも開始された。無事にひなが生まれた場合には、そのまま親に育てさせ、ケージの中で野生復帰のための訓練を行うこ

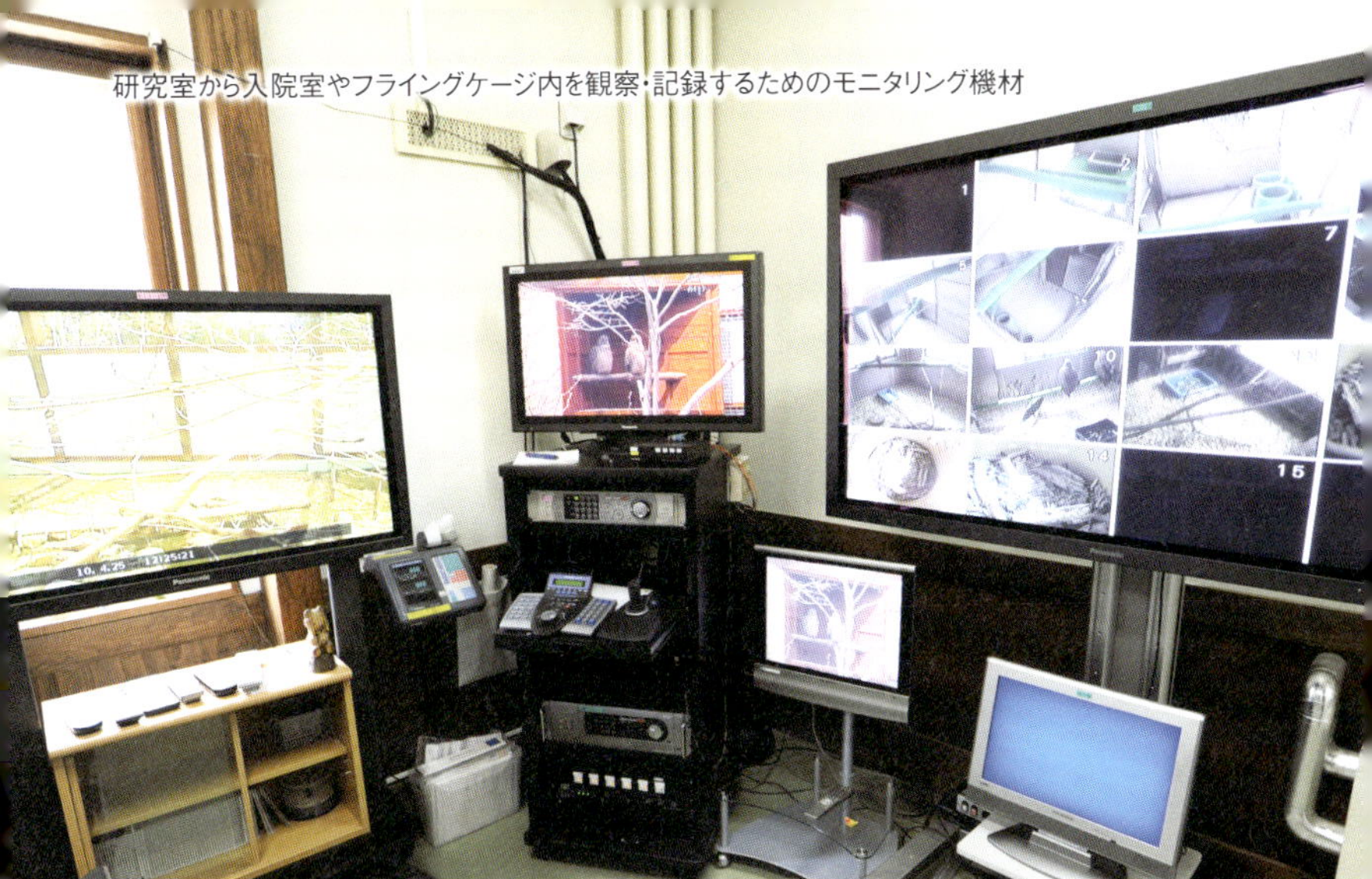
研究室から入院室やフライングケージ内を観察・記録するためのモニタリング機材

ケージ内の給餌池で魚を狙うシマフクロウの夫婦

リハビリテーションを終え、野生復帰させるために捕獲されたシマフクロウ

放鳥地に設置された馴化(じゅんか)ケージに移されたシマフクロウ

野生復帰させた後、徐々に自然界での生活になれさせるために補助給餌を行っている

「野鳥」に戻ったシマフクロウ

とができるため、人なれなどの心配もない。さらに必要に応じて繁殖経験のあるつがいを野生に放すことも可能となる。2013年の春には、けがや病気で収容されたペアがフラインゲケージ内の巣箱で産んだ卵をふ卵器に移し、人工ふ化させることに初めて成功。そして2014年4月9日、ついに巣箱内で1羽のひなが誕生し、釧路市動物園以外で初の自然繁殖が実現した。

治療によって回復した個体は、自然界に戻すことが原則となっている。一方で、将来野生のシマフクロウが被るかもしれない不測の事態（例えば感染症などによる急激な個体数減少など）に備え、遺伝的な背景を考慮しながら飼育下で計画的に増やしてゆくことも重要であり、現在は特に後遺症などにより野生復帰できない個体をこのプロジェクトに活用している。また自然界から新しい血筋を導入する手段の一つとして、治療により完治した個体を一時的に飼育下で繁殖させて新しい血筋のひなを確保することも検討されている。

このように、環境省が行っているシマフクロウの保護増殖事業において、釧路湿原野生生物保護センターはさまざまなプロジェクトの中核的な役割を担い、生息環境の改善との両輪でシマフクロウの保護に重要な役割を果たしている。

＊治療室から＊

救護下のシマフクロウの繁殖に道

釧路湿原野生生物保護センターでリハビリを続けていたメスのシマフクロウが２００９年３月、ケージ内の巣箱に入ったきり出てこなくなった。けがや病気の鳥として別々に収容されたオスとメスが入院中にペアとなり、産卵にまで至った初めてのケースだった。

メスは根室管内の国道脇で発見された。右翼の骨を複雑骨折していたが、手術とリハビリを経てようやく飛べるまでに回復した。オスも同管内の路肩で虚脱状態のところを発見された。当時は一刻を争う危険な状態で、輸液と酸素吸入を行いつつ緊急搬送された。頭を強打したことによる重度の脳障害が認められたが、集中治療により奇跡的に一命を取り留めた。収容状況や負傷の特徴から、２羽とも路上に出てきたカエルなどを捕食中に車にはねられた可能性が高い。

絶滅の危機にある猛禽類(もうきん)を保護するためには「減らさない対策」と、「効率よい増殖」という二つの考え方が重要だ。けがや病気の鳥の救護や事故対

ケージ内の巣箱で産卵したシマフクロウのメス（2009年）

策は前者、飼育下での繁殖や人工ふ化などは後者に相当する。生息環境の改善を推し進める一方で、センターなどの専用施設が野外の保全活動を効果的にアシストする必要があるのだ。これらが両輪となってバランスよく回ることで、無駄な死を防ぎつつ、短期間に個体数を増やすことができる。

　重傷を負っていたシマフクロウ同士が入院中にペアとなり、産卵・抱卵にまで至ったことは、減らさないと同時に効率よい増殖を一つの施設で一貫して行えることを証明した。ひなが大型ケージ内で巣立てば、人の手を介さずそのまま野外放鳥に向けた訓練に移行できる。

　残念ながら、このとき若いメスが産んだ初めての卵は無精卵だったが、これを機に絶滅危惧種の保護活動に一筋の光が差した、記念すべき出来事だった。

　それ以来、毎年のように産卵や抱卵を確認しながら、ひな誕生には至っていなかったが、巣箱の改良や親鳥の組み合わせを変えるなどの試行錯誤を繰り返した結果、２０１４年４月初め、ついにフライングケージの巣箱内で、自然繁殖としてはセンター初となるシマフクロウのひなが１羽誕生した。救護という個体を減らさないための活動が、個体を増やすことに直接つながったうれしい事例となったのである。

必死に、したたかに生きる鳥たち

野生生物保護センターには、集中治療を終えたけがや病気の鳥が野生復帰に向けて訓練を行うための大型ケージがいくつもある。中でも、何羽もの巨大なオオワシを収容中の施設に入るときは、日頃から飼育にあたっている私たちも最大の注意を払う。ワシにはそれぞれ個性があり、人間が近付くと闘争心をむき出しにして威嚇してくる者がいるからだ。

ある朝、ケージをのぞくと、カラスが何羽も入り込んでいた。雪が重く積もらないよう、天井の編み目がやや粗めだったため、どうやらここから餌を失敬しようと潜り込んだらしい。労せず餌にありつける方法を学習したカラスたちは、しばらくの間、恐ろしいオオワシをものともせず、わが物顔でケージを出入りしていた。

ところがある朝、ケージをのぞくと、見慣れない猛禽（もうきん）が1羽こちらを見ている。オオタカだ。その足には黒い鳥がしっかりと握られていた。今度はカラスを狙ってオオタカの若鳥が入り込んできたのだ。

その日、獲物を食べたのを見届けてからオオタカを捕獲し野に放した。しかし……以来カラスの侵入は見られなくなったものの、今度は毎日のようにオオタカがワシのケージに入り込んでくるようになった。いくら外に出しても戻ってきてしまうため、最終的には遠く離れた自然豊かな場所にタカを放した。

厳しい環境の中で、したたかに生きている野生動物の生活を垣間見た出来事だった。

侵入したケージから出され、放鳥されるオオタカ

シマフクロウ保護の拠点

環境省はシマフクロウ保護事業に着手してから10年を経て、釧路市内に釧路湿原野生生物保護センターを開設、大型フライングケージなどの専用施設を用いた本格的な保護増殖活動に乗り出した。

釧路湿原の西南端に位置する同センターには、シマフクロウを飼育するために特設された2基の大型フライングケージや調査研究施設が整備されている。野外でのシマフクロウのつがい形成を促進するための方法として、自然界では生存の可能性が低いひなを人工飼育し、単独個体の生息地や新たな場所への導入を図る試みがセンターを拠点に動き始めた。

収容する個体は、その年ふ化が確認された全ての野生のひなの中から生息地や同じ親から生まれたひなの数、そして健康状態を考慮し総合的に判断、選

巣立ち間もないシマフクロウのひな。まだ十分な飛ぶ能力を持っておらずキタキツネなどの捕食動物に襲われるリスクが高い

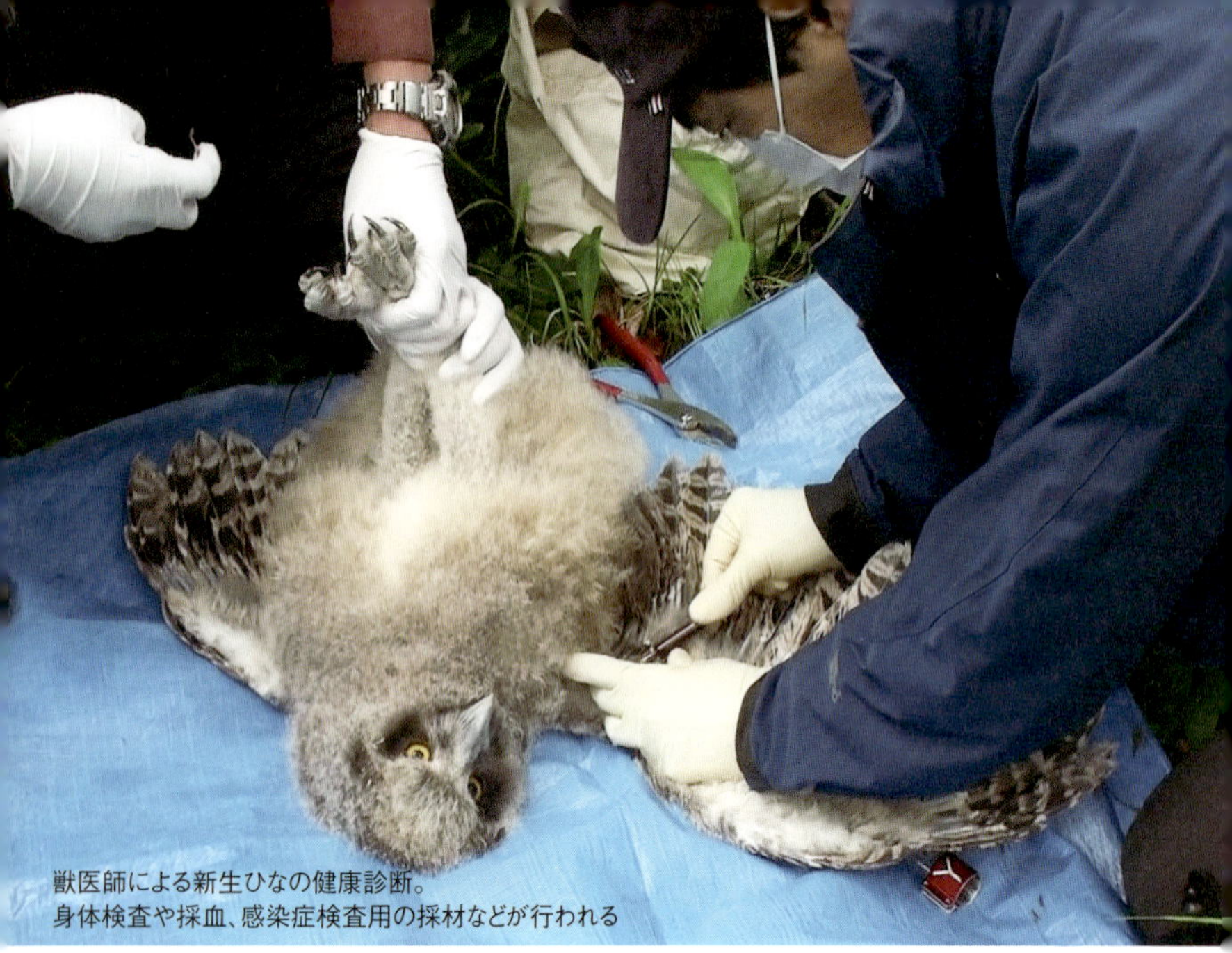
獣医師による新生ひなの健康診断。
身体検査や採血、感染症検査用の採材などが行われる

択される。私が獣医師としてこの標識調査と性別判定用の検体採取に関わる前は、弱いひなの判定は主に調査時のひなの大小で決められ、さらに性別判定用のサンプルとして皮膚片の生検（切り取り）が行われていた。その後、巣立ち前後に標識用足環（あしわ）を装着する際に採取される血液の検査により、性別判定や栄養状態の評価、疾病の早期発見が可能となった。保護増殖を行っていく上で重要な情報の把握や傷病個体の救護がより確かなものとなったのだ。また、いずれのひなの健康状態も良好で緊急治療を目的とした保護が必要でない場合に限り、同腹の複数のひな（通常2羽）の内から、性別や遺伝的背景などを考慮の上、保護増殖活動にとってより有利であろう方のひなを選択し収容することがある。

人への刷り込みを防ぐためハンドパペット（指人形）を用いて給餌されるシマフクロウのひな

こうして選ばれたひなはまず別棟の個室に入れられ、検疫を行うとともに集中的な治療がなされる。また、搬入時のひなは通常巣立ち前後の50～55日齢程度であるため、自ら餌を捕食することはおろか、数週間は飛ぶことすらままならない。したがって、自然界で自活できるようになるまで飼育下での訓練が段階を追って繰り返されるわけで、この課程をリハビリテーションプログラムと呼ぶ。採餌行動を例にとると、若齢ひなの場合にはハンドパペット（シマフクロウの顔をかたどった精密な木彫りの指人形）による給餌から始め、小型のいけす内に放流した魚に興味を持たせることにより野生の本能を呼び覚ます。次のステップとしていけすに餌付けられた状態で、ひなをフライングケージ内に放鳥し、徐々に最終段階となるケージ内の給餌池（養魚池）へと採餌の場を切り替えていく。また、池でうまく魚を捕れるようになっても魚の大きさや種類、水深などの条件を小まめに変化させるとともに、その時々における捕食の成功率などを複数の暗視カメラで観

本格的なリハビリテーションのためフライングケージに移されたシマフクロウの若鳥

察・評価する。

少々過酷とも思える条件での訓練飼育は、野生復帰を果たした際に自らの命をつなぐすべを磨き上げるものである。また飛翔(ひしょう)の訓練においては、まず羽ばたきに使われる胸筋を支える胸骨を発達させることが重要であるため、飼育室の中に上下の止まり木を設置し、日常生活の中でこれらの間を行き来させ、胸骨に負荷がかかる運動を促す。その後、自由に飛び回ることができる広いフライングケージにシマフクロウを移し、飛ぶ能力を鍛えていく。

野生への復帰を最終目標にしている場合、いかに種本来の生態を取り戻させるかとともに、その種に最良な「人との距離」を認識させることが最大の課題だ。その唯一の見本が野生で生きている鳥たちであるため、生態研究者との連携は欠かせず、自らも野外調査を行うことによって種本来の姿を頭にたたき込むように心掛けている。

猛禽(もうきん)類のリハビリテーションに関する技術的なノウハウは諸外国に学ぶべきところが多

い。特に希少種の保護に関してはこれらの先駆国から最大限の知識と技術移転を受け、それを対象種に応用してみることが先決であって、やみくもに試行錯誤を繰り返すべきではない。またセンターでは病理検査による傷病・死亡原因調査などをはじめ、保護に有用なさまざまなデータの解析と蓄積を行っている。１９９４年から環境省（当時は環境庁）のプロジェクトとして、シマフクロウのひなの臨床検査と血液分析が正式に保護増殖事業に組み入れられた（委託研究として予算化されたのは１９９７年から）。これは個体の救護のみならず、各種の獣医学的検査によって得られる膨大な情報をさまざまな研究機関と連携しつつ系統立てて共有することにより、より有意義に活用することを目的にしている。初年度、野生個体5羽と飼育個体2羽で情報収集が開始された本プロジェクトだったが、現在では膨大な数のデータが集積され、保全活動に生かされている。特に、野生のひなから採取された血液サンプルは、臨床検査によるけがや病気の鳥の早期発見、ＤＮＡ分析による性別判定や遺伝的多様性の評価など、より科学的な知見に裏打ちされた保護増殖計画を策定し、推進する上で重要な役割を担っている。

センターのフライングケージ内で健全なシマフクロウを飼育・繁殖させることは、リハビリの過程で偶然そのような状況になった場合を除き、現在では積極的に行われていない。

フライングケージの中で出合い、
つがいになったシマフクロウ

2014年4月、センターで初めて自然繁殖で生まれたシマフクロウのひな（36ページ参照）

しかしながら、私はこの試みに大きな意義を感じており、ここで整理して述べてみたい。けがや病気の鳥の治療は、傷ついた1羽の命を無駄にしないために行われる。特に個体数の少ない希少種においては、一つの命を救うことは種の存続にも関わる大きな意義がある。傷ついた野生動物を人なれさせることなく飼育し、施設内でつがいにして繁殖させることができれば、自然界から落ちてきた命を野生に返すことにとどまらず、新たに生まれた命も併せて自然界に補充することが可能となる。これは絶滅の危機にひんしたシマフクロウを効率良く増やしていくことにも活用できる。とりわけ遺伝的な背景も考え、ペアにする雌雄の組み合わせを飼育中の傷病鳥から選ぶことができるため、近年自然界で増えつつある近親交配による弊害（近交弱勢）を避ける意味でもこの手法の意義は大きい。

施設内で生まれたひなは、自然界に放鳥する以外にも、飼育下で繁殖させるための個体として活用することもできる。もちろん、何回か繁殖させた後に適切なリハビリを受けさせてから野生に放すことも可能だ。また、飼育下で繁殖実績を積んだ後のペアを、かつてのシマフクロウ生息地に放鳥する「再導入」なども可能となる。この手法は現在行われている若齢個体の単独放鳥や、単独生活をしているシマフクロウの生息地に異性（成鳥）を放鳥する方法よりも、放鳥個体がすでにペアとなっている分、定着した場合に早期の繁殖が期待できる。

釧路湿原野生生物保護センターのフライングケージは、「飛翔（ひしょう）」や「採餌行動」など、野生復帰を目的とした本格的なリハビリテーションが行えるように設計されている。ケージ内にはシマフクロウの生息環境を模して計画的に植えられた樹木や、自然界さながらに生きた魚が泳ぐ広い給餌池などが作られており、野生復帰を目指す個体を自然に近い環境で生活させることが可能だ。フライングケージ内に設置された巣箱で育ったひなはケージ内に巣立つことになるが、巣内に引き続き、巣立ち後もしばらく親鳥に育てられるというシマフクロウ本来の繁殖生態を再現することができるのである。また、動物園などで発生しがちな、人間と身近に接することによる過度な人なれが発生する心配もない。幼鳥はしばらく親から餌をもらって育ち、徐々に見よう見まねで池で餌を捕ったり、飛ぶ訓練を積んでいく。

以前から釧路市動物園では、環境省などと連携し飼育中のシマフクロウの繁殖を行ってきた。しかし繁殖に用いるペアは展示動物や傷病の後遺症により野生復帰が困難となった個体であり、将来野生に返る可能性があるシマフクロウのペアを使ってひなを得る試みは行われたことがない。また動物園では、これまで展示施設や比較的狭いケージ内で飼育・繁殖させていたため、ひなや親鳥をリハビリの過程を踏まずそのまま自然界に放すわけにはいかなかった。複数の場所でシマフクロウを飼育し繁殖させることは、感染性疾患など不測の事態に対するリスク管理としても有効である。特定の施設内での飼育は、高病原性鳥インフルエンザなどの感染症が発生した場合、多くの飼育個体を一挙大量に失うことにもなりかねず、種の保存を目的とした計画的な飼育下繁殖を行う上では危険を伴う。地理的に離れた複数の場所に分散して飼育しリスク軽減を図ることは、飼育下にある個体群の維持管理を考える上で重要である。現在、道内の動物園が連携しシマフクロウを分散飼育させる計画が始まっており、すでに札幌市の円山動物園や旭川市の旭山動物園での飼育が開始されている。しかし、これらの園もシマフクロウの飼育経験がいまだ乏しいことなどから、ペアを飼育し繁殖させるまでには至っていない。分散飼育を補強し、飼育下にあるシマフクロウの各種リスクを回避する意味でも、野生生物保護センターでも健全個体を飼育する意義は深く、リハビリケージを占有しないための施設の拡充が求められる。

猛禽類医学研究所の仕事

シマフクロウ増殖事業の拠点として活動が始まった釧路湿原野生生物保護センターではあったが、徐々に北海道に生息する、より多くの絶滅の危機にひんした野生動物を対象にすることが求められ始めた。特に猛禽（もうきん）類医学研究所が環境省から事業を委託され、希少野生猛禽類の救護をより専門的な体制や医療機器で対応するようになってからは、シマフクロウ以外の希少猛禽類の救護や、けがや病気による死亡原因の究明も積極的に行われるようになり、そのうちオオワシとオジロワシについては、近年保護増殖事業の対象種として位置付けられるようになった。保護増殖事業の対象となって、初めてその種の保護活動に専用の予算がつき、より具体的な保護活動を計画的に行えるようになるのである。

２０００年の地方分権から、環境省が直接取り扱う野生動植物が明確化した。国が直接取り扱うけがや病気の鳥獣は「種の保存法」で指定された希少種と国指定鳥獣保護区内で収容された普通種を含む鳥獣（鳥獣保護法の対象動物）、それ以外は地方自治体である北海道が担当することになった。北海道はけがや病気の鳥獣の救護を「傷病鳥獣保護ネット

巣立ちに失敗したオジロワシのひなをカヌーで収容

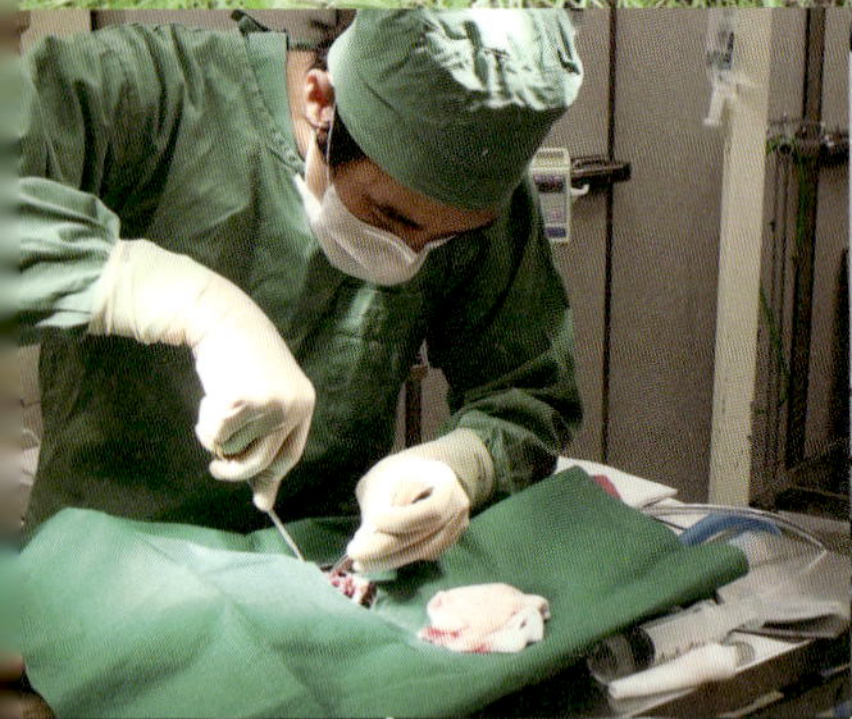

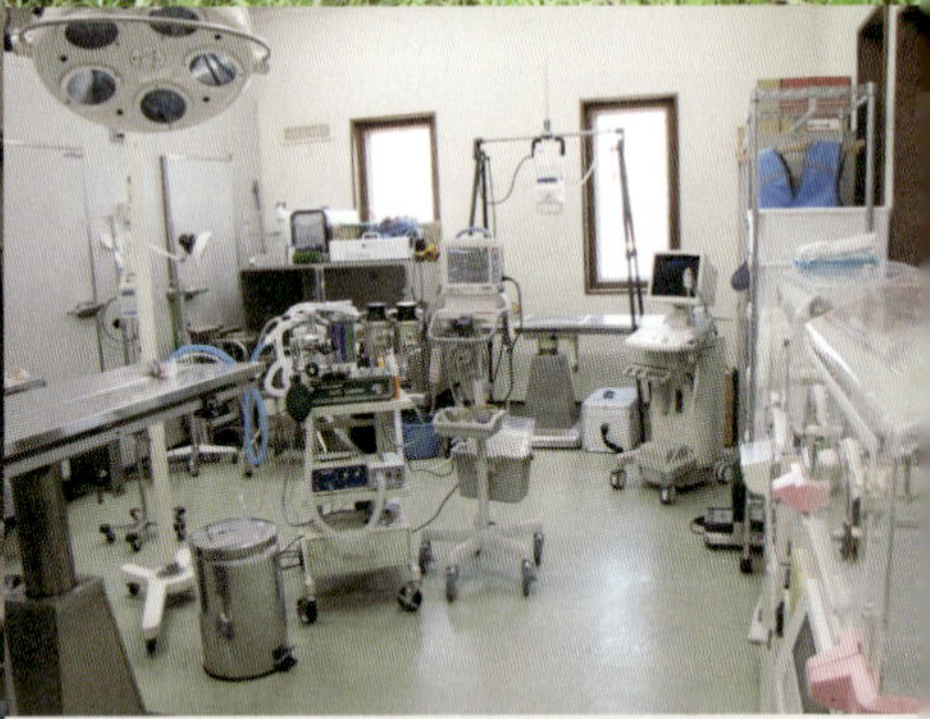

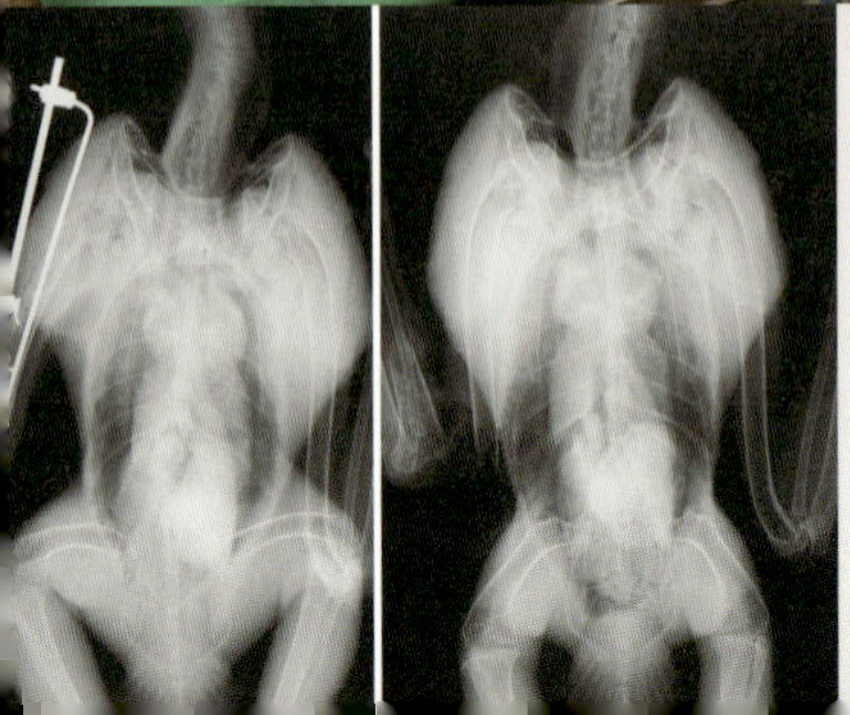

中右:猛禽類医学研究所が野生生物保護センターに持ち込み使用している獣医療機器

中左:ガス麻酔下での外科手術は日常的に行われている

下左:上腕骨整復術を施したオジロワシのレントゲン写真。右が術前、左が術後

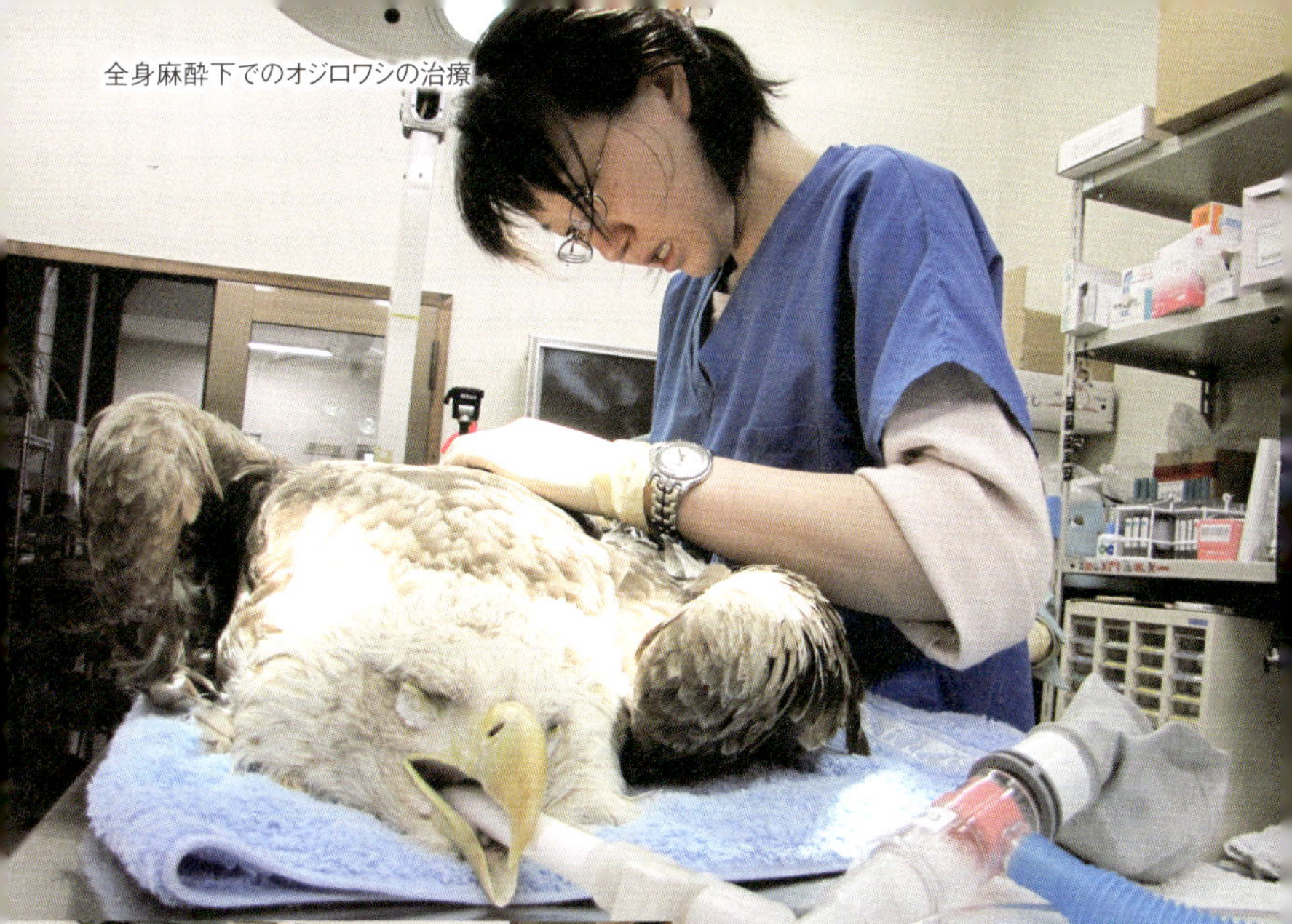

全身麻酔下でのオジロワシの治療

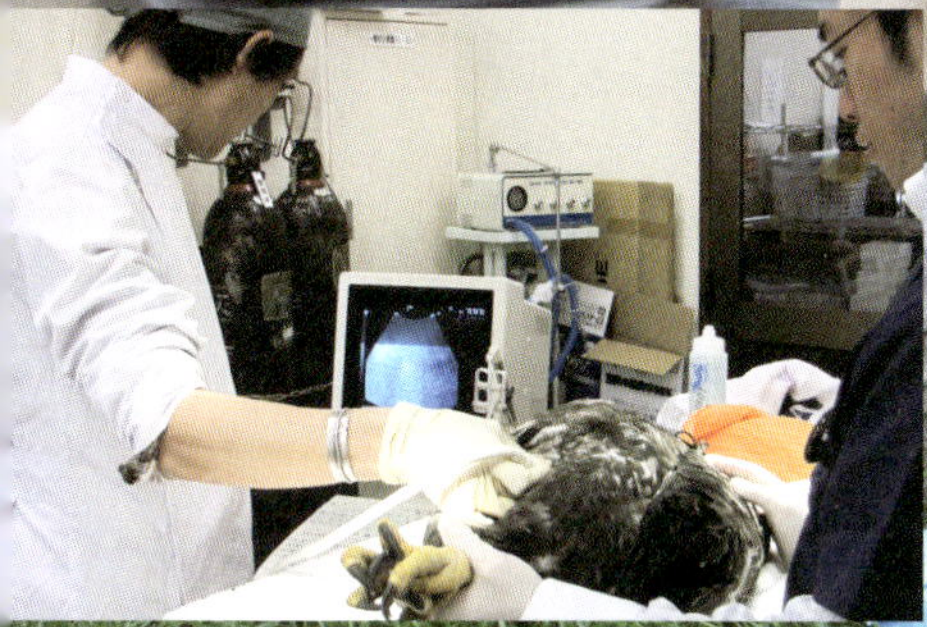

超音波画像診断装置（エコー）による
オオワシの臨床検査

健康診断のためジャケットに包まれたオジロワシ

ワーク事業」として北海道獣医師会に委託し行っているが、獣医師会は会員の中から有志を募り、登録した指定診療施設を中心に救護活動を行っている。２００５年に私が設立し、センターを拠点に活動している猛禽類医学研究所もこれに登録しており、環境省の許可の下、特に鳥類を対象に普通種の救護にも協力しているのである。

野生生物保護センターには、希少種を中心に野生動物の死体も数多く運ばれてくる。私たち猛禽類医学研究所スタッフは、これら全てのけがや病気の個体と死体を徹底的に調査して発生原因の究明を行い、その結果に基づいて、特に人為的な事故などを予防する試みを行っている。またリハビリ中の個体や野生復帰することが困難な個体を用いて、再発の防止や予防に用いる器具の開発と効果検証も行っている。

センターには、毎年多くの研修生が国内外から訪れる。主に獣医師を対象とした野生動物の臨床セミナーを北海道獣医師会の主催で開催したり、ＪＩＣＡ（国際協力機構）による研修の一環として、海外からの研修生に野生生物の保護管理などに関する講義や実習を行っている。さらに毎年、夏と冬に全国の獣医大学の学生を対象にした実習を猛禽類医学研究所で主催している。国内はもとより、最近では海外から研修講師として招かれることが多く、特に隣国については今後の連携体制の構築が重要であることから積極的に応えるように心掛けている。

ワシ類を用いた交通事故対策用ポールの効果検証

獣医師を対象にした救護講習会（北海道獣医師会釧路支部主催）。猛禽類のレントゲン写真を前に議論する獣医師たち

動物用発信機の捜索実習を行う海外研修生

＊治療室から＊

始まりは1本の電話から

鉛中毒による中枢神経症状を示すオオワシ

私たちへの、けがや病気の野生動物発見の第一報は、環境省や北海道庁の担当者から入ることが大半だが、一般の市民から寄せられることも少なくない。その内容は、「翼の折れたオジロワシを保護した」など、具体的なものが多い。この場合、動物の状態や発見時の状況などを聞き取り、応急処置の仕方をイメージしながら速やかに現場へと急ぐ。

しかし、中には「大きな鳥がカラスにいじめられている。どうやら飛べないらしい」など、状況を把握するのが難しい通報もある。到着すると、カラスと餌を奪い合っている健康なトビがいた……など、徒労に終わることもある。だが万一に備え、獣医師は現場へと飛び出す。あいまいな内容でも、衰弱したシマフクロウや瀕死（ひんし）のオジロワシを発見し、その命を救えたことがあるからだ。

一番大変なのは、目撃情報だけが寄せられた場合だ。目撃地点が特定できない場合、あるはずの場所を何度も時間をかけて探すほかない。傷を負っているとはいえ、動物は動くこともあれば茂みなどに隠れてしまうこともある。キツネなどに一足先を越され、到着したときには散乱した羽毛のみが現場に残されている悲しいケースもある。

幸運にもまだ息のあるけがや病気の動物を発見できた場合、私たちの喜びもひとしおだ。傷ついた動物を発見した場合、(分かれば)動物の種類、場所、状況、そして発見者の連絡先を、速やかに道庁や環境省に連絡してほしい。

長年傷ついた動物たちと向き合ってきた者として、発見者の第一報がその動物の命を大きく左右することを痛切に感じている。

呼び名はみんな「ピーコ」

猛禽類（もうきん）は曲がったくちばしと鋭い爪を持ち、その気性は往々にして荒い。たとえ深い傷を負っていたとしても、不用意に近づこうものなら、強烈な握手を

巣から落下し保護されたクマタカのひな

されるのがオチだ。半面、ひなは極めておとなしい。世間知らずの澄んだ瞳と、なされるがままの穏やかな性格は、親鳥とは雲泥の差である。年を重ねるにしたがって威風堂々、気性も荒くなる。

春から夏にかけては、巣から落下したひなや、巣立ったもののうまく餌を捕ることができずに衰弱した若鳥が、たびたびセンターに担ぎ込まれてくる。病気やけがで弱っているのか、あるいは幼いためおとなしい性格なのか。これを見誤ると、そのうち自分自身の治療を優先させなくてはならない事態になりかねない。幼い鳥はなれやすく、餌をくれる人をすぐに覚える。野に返すことを前提に救護活動を行っていながらも、あどけない鳥を前にして、ついつい情が移ってしまうこともある。このため、センターでは入院治療している鳥たちには日頃から名前を付けないようにしている。人なれさせず、スパルタ式で野生復帰の訓練を積んでもらった方が、野生に返った彼らが不用意に人に近づかないだろうと思うからだ。

飼育管理上、人の接近を鳥に知らせるために、どうしても鳥に呼び掛けなくてはならないことがある。こんなときの呼び名は、いつも「ピーコ」だ。シマフクロウだろうがオオワシだろうが、年齢性別関係なく一同皆ピーコである。

自然界のルールに逆らわぬ救護

傷ついたり、病気にかかった野生動物の多くは一般市民によって発見され、動物病院や動物園などに持ち込まれることが多い。野生動物救護の意義や是非に対する考え方は、人それぞれに異なっている。私は、傷病個体の救護活動は命のバトンリレーにとどまらず、発見者や搬送者など、関わった人の思いもつなぐリレーであると考えている。アンカーとなる獣医師は、単に治療の専門家として動物と向き合うだけでなく、結果的に救命に至らなかったとしても、携わった人々がこれを機に野生動物への関心や自然保護への理解を深めてもらえるような誠意ある行動を取るべきだと常々思っている。けがや病気の野生動物は彼らが生息している環境の「健康状態」を、自ら身をていして私たちに伝えてくれる〝自然界からのメッセンジャー〟であり、人と野生動物の間に生じている軋轢（あつれき）の深刻さを具体的に教えてくれているのだ。野生動物の救護活動を通して、人が環境や野生動物に与えてしまっている負荷を少しでも改善しようという気持ちが関わった人々に芽生え、たとえ小さくても具体的な環境保全の動きが波紋のように広がってゆけば、人と野生動物の共生が少しずつ現実味を帯びてくると思うのだ。

けがや病気の野生動物を保護した人は大概「かわいそうだから」という純粋な気持ちから、彼らに手を差し伸べていることだろう。動物愛護の精神にのっとり野生の命を救おうとする試みは、命の尊さや自然界の厳しさ、さらには多くの野生生物が人間の営みによって傷ついていることを知るきっかけを与えてくれる。しかし一方で、同じ生態系の一員である野生動物の生死を、ヒト（*Homo sapiens*）という単一の種が大きく左右してしまうことは、弱者が衰退し、より強いものが生き残るという自然界のルールを乱すことにつながりはしまいか。巣から落ちた小鳥のひなに対して一生懸命その命を救おうとする一方で、道路の側溝からはい上がれない爬虫類や両生類は愛着がわかないので助けない……など、被害動物に対する好き嫌いや個人的な感情で救護の内容に差を付けるようでは、これを自然環境保護の活動とは言えないのではないだろうか。このような疑問を抱くことは、生物学者のみならず獣医師や救護に携わろうとする者が、けがや病気の動物を助ける理由を真剣に考え、それぞれが自分なりの答えを見いだす重要な契機となるに違いない。

野生動物の救護活動は、原則として「自然界のルール」に逆らって行うべきではない。いわゆる弱肉強食や、環境の変化に順応できたものが繁栄するといった自然の法則は、食物連鎖や進化といった形で種を選抜し、生態系のバランスや質を保ってきた。

しかし現実には、目の前にいる野生動物のけがや病気の原因が、このルールによって発生したものなのかどうか判断できない場合も少なくない。

救護を行うべきか否かの選択を、現場で理論的に行うことはなかなか難しい。とはいえ交通事故や野鳥の窓ガラス衝突、ノイヌ（野犬）やノネコ（野良猫）を含む外来動物による食害、環境汚染物質による中毒など、人間の活動が関与する（＝一般的な自然界のルールによる原因ではない）けがや病気が頻発しているのは確かだ。他方で、生物種としての希少性を考慮して、生態系の恒常的な

上:養魚場でキツネに襲われたシマフクロウ
下:ネコに襲われたフクロウのひな

食物連鎖の場面に人間が介入すべきか、判断に苦慮する場合も多々ある。例えば、希少種の捕食行動によって負傷した別の希少種（被捕食者）に対し、人間が救護の手を差し伸べるべきか否か、意見が分かれるに違いない。

一見すると自然の法則にのっとっていると思える死亡やけがや病気の原因でも、実は人による影響が間接的に関与していることがある。餌を採れないことによる低栄養の原因が、過去に遭った交通事故の後遺症や鉛中毒がもたらす慢性的な体調不良だったり、感染症の原因が不衛生な餌台での給餌によるものであることなどがその例である。オオワシやオジロワシ、シマフクロウなど、人間の生活とかけ離れた場所に生息していると思われがちな北海道の希少猛禽（もうきん）類においても、判明したものの大部分が人為的な原因によるものだ。また収容されるもののほとんどが死亡したり重い障害を負っており、人間が野生生物界に与えている影響の深刻さをうかがい知ることができる。ただし、けがや病気の野生動物の多くが人の生活圏内で発見されることから（発見するのが人間なので）、原因全体における人的要因の割合が見かけ上高くなっている可能性も否めない。たとえそれを考慮したとしても、人が野生動物の健全な生活をむしばんでいることは紛れもない事実である。人間活動による野生生物への影響を可能な限り正確に把握するためにも、けがや病気の原因をつぶさに調べることは非常に重要なのだ。

農薬中毒に陥り、神経症状を示す若いオジロワシ

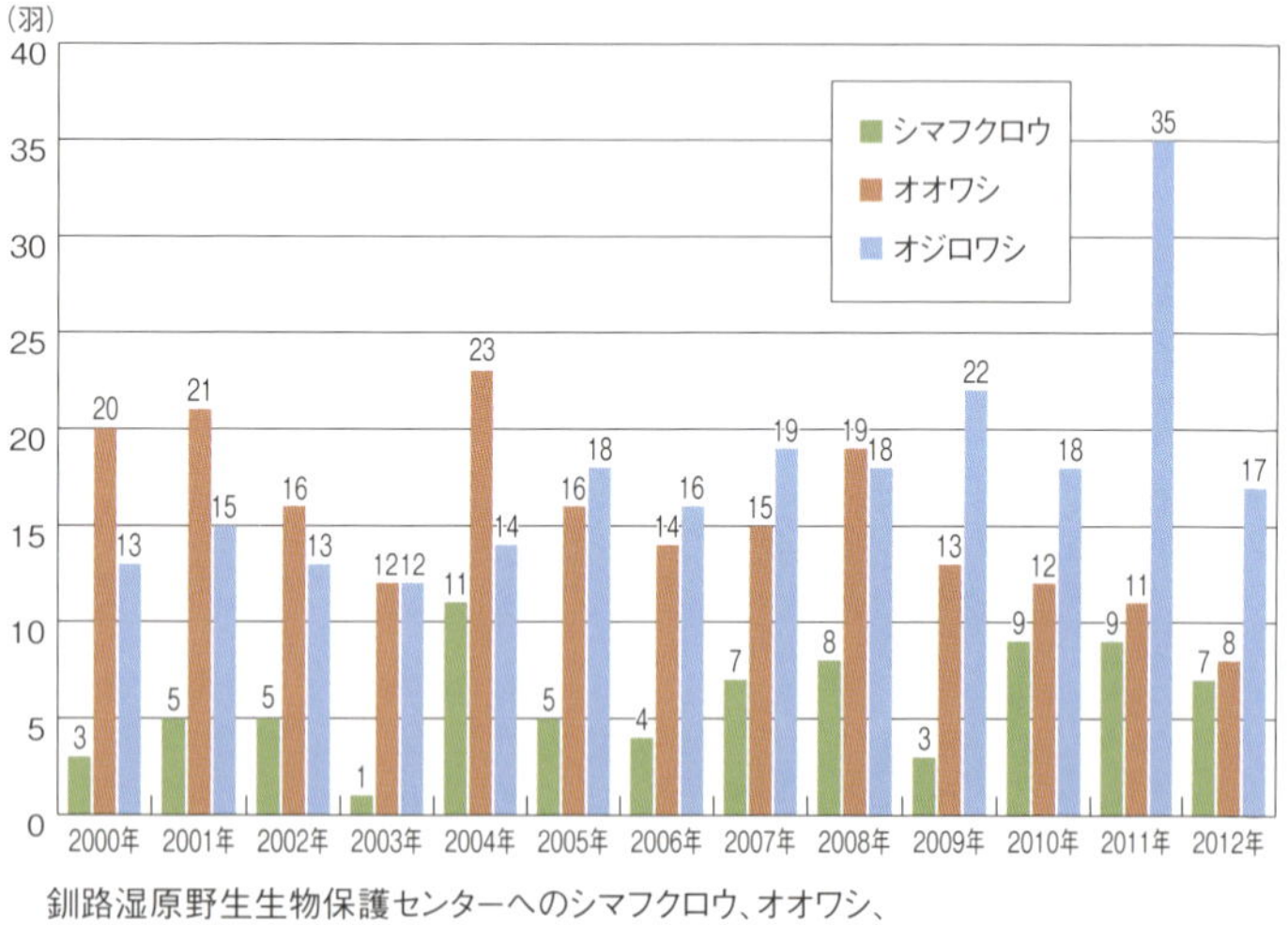

釧路湿原野生生物保護センターへのシマフクロウ、オオワシ、
オジロワシの収容状況（個体数、2000〜2012年）

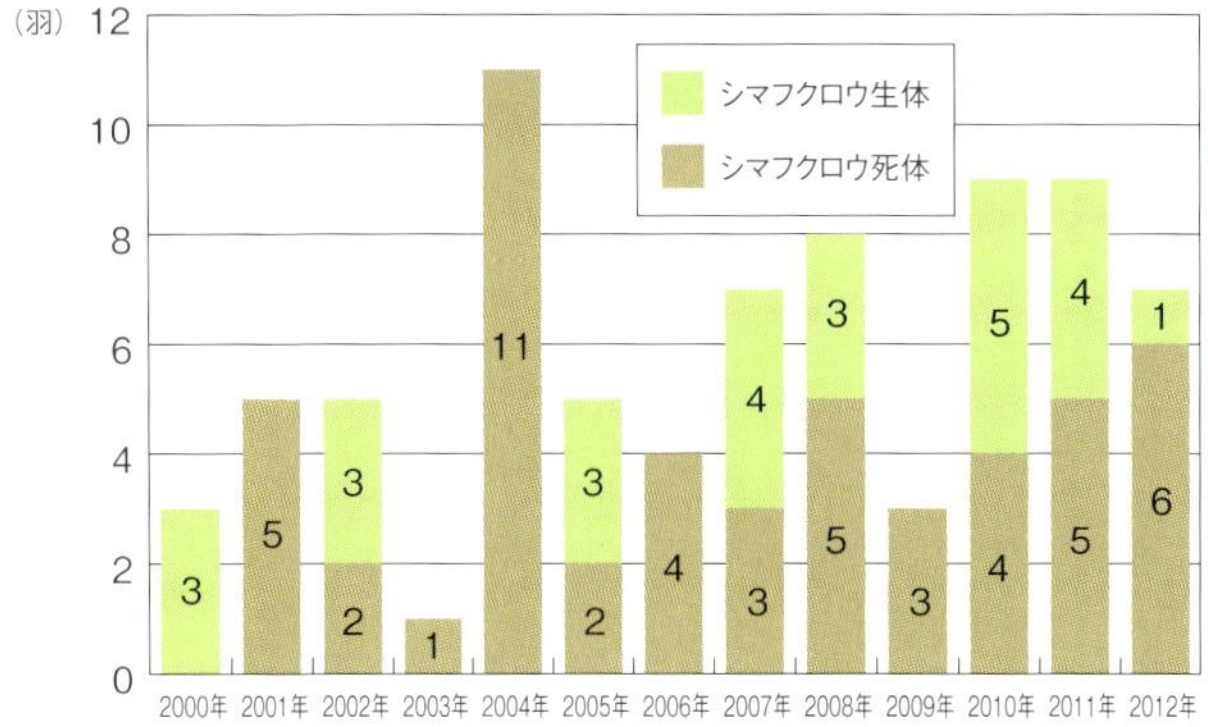

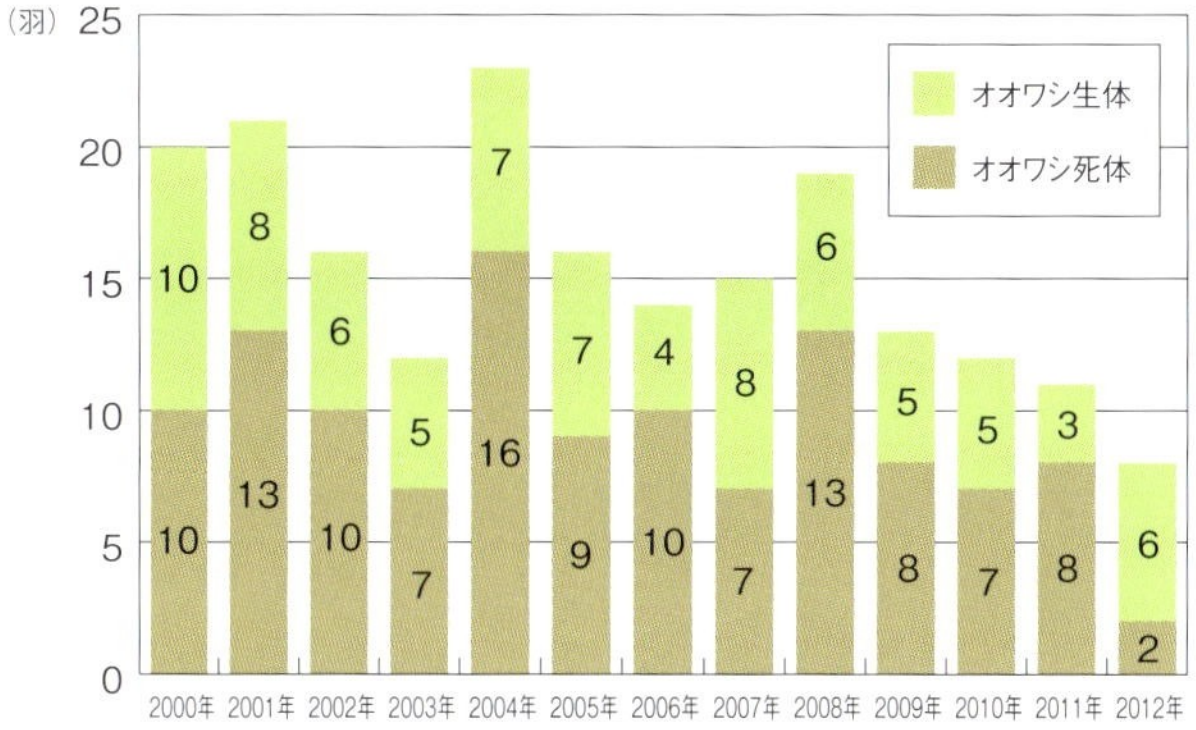

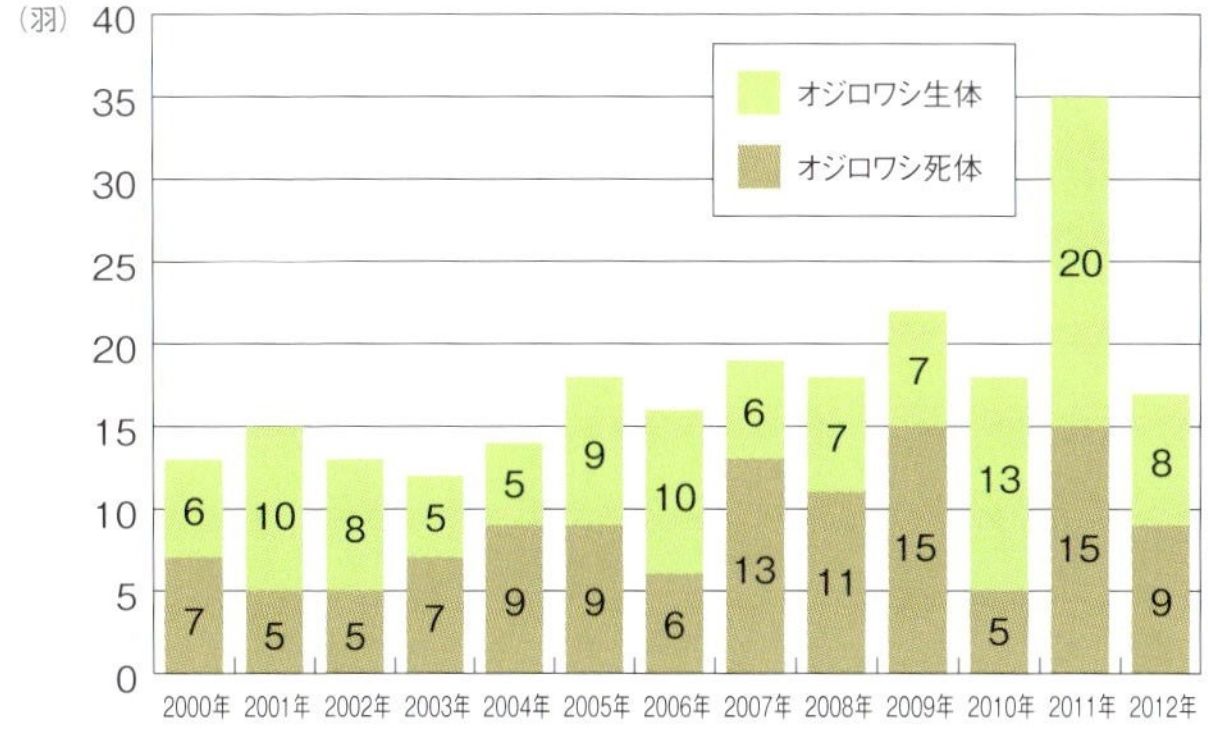

釧路湿原野生生物保護センターへのシマフクロウ、オオワシ、
オジロワシの収容状況(搬入時の生死別、2000～2012年)

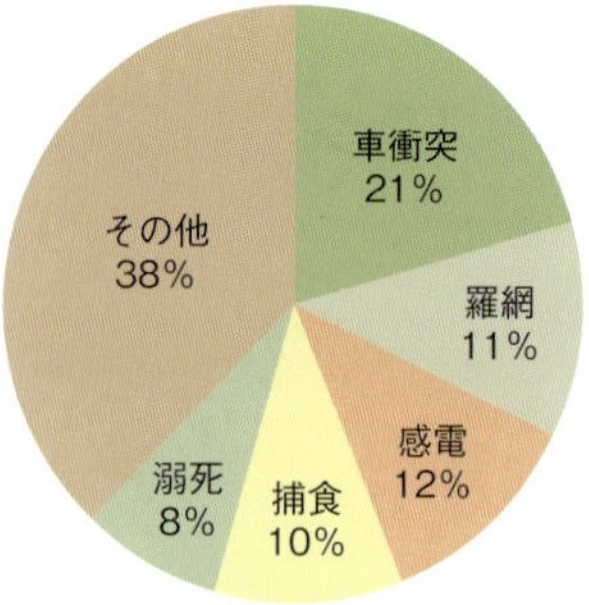

シマフクロウの傷病・死亡原因
（2000〜12年度）

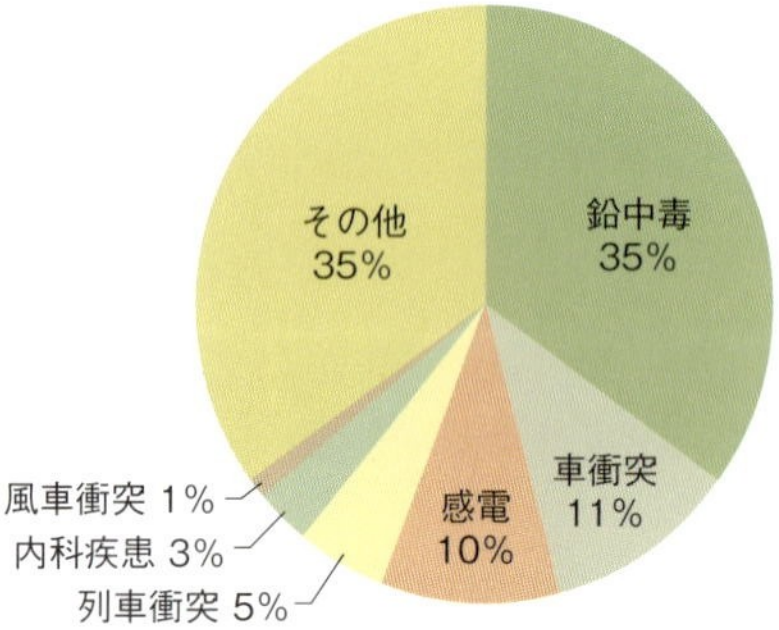

オオワシの傷病・死亡原因
（2000〜13年度）

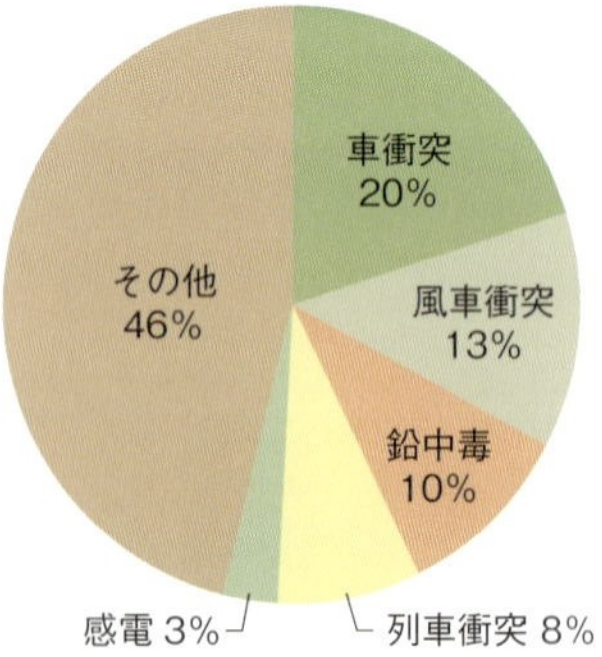

オジロワシの傷病・死亡原因
（2000〜13年度）

野生動物の心を読む

野生動物の行動から心理状況を把握することは、適切な治療や飼育管理を行う上で非常に重要である。物言わぬ動物の状態を外見だけで察するのは非常に難しいが、野生動物が日常生活の中で無意識に示す行動から、彼らの精神や身体の状態をある程度理解することができる。行動の意味を理解するためには、正常な野生動物の生態を日頃から観察し、その特徴を頭にたたき込んでおく必要がある。

特に猛禽類（もうきん）は痛さやつらさを隠そうとする傾向があり、人前ではなかなか弱みを見せないことが多い。例えば重傷で腹ばいになっているオジロワシは、人間が近づくとスクっと立ち上がり、何ごともなかったかのように平然と振る舞う。見せかけの健康に惑わされているようでは、必要な治療は到底できない。ちょっとした仕草や行動の変化から本質を見抜くテクニックが必要なのだ。

けがや病気の野生動物の治療の現場では、動物と人間の知恵比べになる場面も少なくない。私たちは入院している動物の状態を正確に把握するために、各入院室の壁に小型のCCDカメラをあらかじめセットし、彼らの行動を遠くから観察し必要に応じて記録できるようにしてある。

多くの鳥の場合、極度に緊張したり、飛んで逃げようとする直前に糞（ふん）をすることが多い。また心身ともに余裕がある、リラックスした状態では羽繕いや伸びなどをする。ただし、極度の緊張や不安を紛らわせるためにも、不必要な羽繕いをすることもあり、その識別が必要だ。小さな音を聞かせたり、餌を見せたりすることによって初めて特徴的な行動が現

翼を大きく広げ威嚇するクマタカ。押し殺した不安感を顔つきから
察することが大切だ

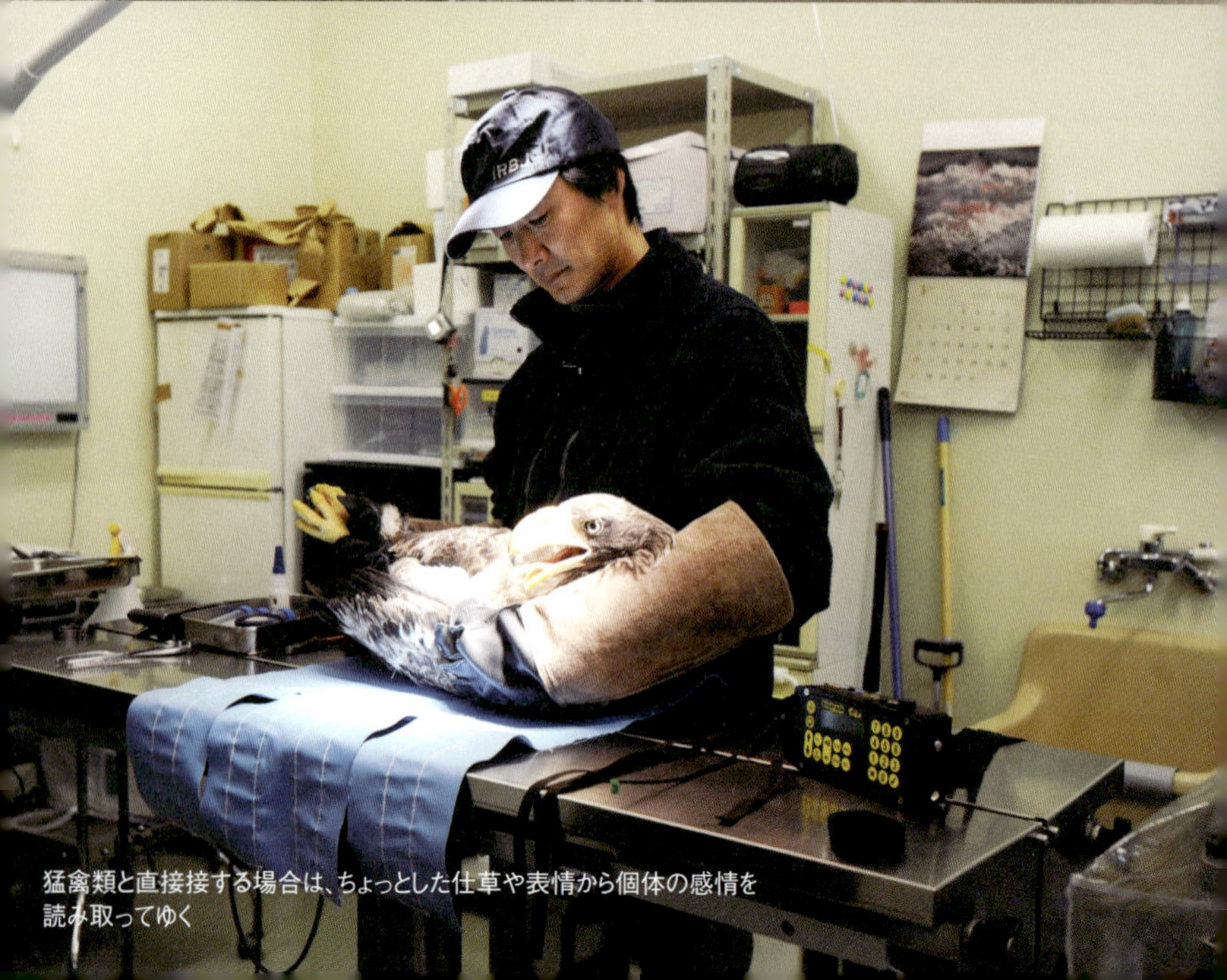

猛禽類と直接接する場合は、ちょっとした仕草や表情から個体の感情を
読み取ってゆく

れる場合もある。特に捕獲が難しいフライングケージにいる鳥は、行動から健康状態を把握することは非常に重要となる。

また心理的なストレスは捕獲や治療行為によるものばかりではなく、狭い入院ケージの中での生活や食べ慣れていない餌などが原因になることもあり、その特定には多くの経験が必要である。

臨床の現場においては、特に痛みや食欲などの情報を引き出すことが求められるが、これもまた個体が無意識に示す仕草などからある程度把握することが可能である。けがや病気の動物の状態を把握し治療の現場で生かすため、日頃より野外調査を行い健常な野生動物の生態や行動を理解するよう努めている。

さらにこのことは、野生復帰の判断をする上でも極めて重要である。放鳥時に十分な体力と気力が備わっていないと野生での生活に戻ることが難しい。たとえ治療によって体の状態が完治しても、思考が野生本来の状態に戻っていないと、過酷な自然界で生き延びることができないのだ。特に若い個体や長期間飼育していた鳥は、気を付けていても人なれが起こる場合がある。さらに長期間の入院生活で、応用力や競争本能が失われてしまうこともあり、リハビリテーションの過程で可能な限りこれらを取り戻させることが課題の一つになっている。そのため、リハビリ期間中は複数の同種もしくは自然界で共に生活している別種をあえて同じケージ内で同居させ、限られた餌を奪い合いながら競争本能を呼び覚ますように仕向ける。けがや病気の野生動物の救護では、動物の命を救うばかりではなく、野生に戻した際にしっかりと自然界で自活できるまでに心と体を回復させることを目指している。野生動物は自然界の中で自活できてこそ、野生動物と言えるのだ。

けがや病気の野生動物は、その種が生息している環境の状態や健全性を知る上で、とても貴重なバロメーターになっている。けがや病気の原因や内訳、至った経緯などを明らかにすることで、自然界に潜在する脅威や、大量死を引き起こす可能性のある環境汚染物質や感染症などをいち早く発見し、野生動物の保護管理に必要な措置を速やかにとることができる。

けがや病気の野生動物からもたらされる情報は膨大で実にさまざまだ。これらの情報を的確に受け取り有効活用するためには、幅広い専門的な知識が必要で、さまざまな分野の専門家と連携することが不可欠である。救護活動の現場で直接動物と接する立場にある獣医師は、獣医学的なデータはもとより、将来環境の健全化につながると思われる情報を多角的に収集する努力を惜しむべきではない。

獣医師のみならず一般市民にとっても、そうした鳥獣の救護活動は生きた野生動物と直接関わることができる数少ないチャンスでもある。治療や飼育などを通して、普段は身近に接することが難しい野生動物の生態や生理、形態などを直接知ることができるほか、獣医師においては通常の診療では目にすることがまれな症例を、普段診ることのない種で経験できる。このことから、獣医臨床のみならず広範な分野に関わる教育の場としても貴重な存在だ。またこれらの動物を活用した環境教育や啓発活動は、一般市民の野生動物や環境に対する意識の向上にも大きく役立つ。

野生動物の救護が、生物多様性の保全に貢献できるケースも少なくない。絶滅の危機にひんした希少種のけがや病気の個体を、種の保存を目的とした取り組みに活用する試みは、以前から世界各国で行われてきた。自然界から脱落しかけた希少種を治療し、適切な飛翔（ひしょう）や採餌の訓練を施した後に野生復帰させたり、飼育下で計画的に繁殖させて次世代を野生に還元したりする「生息域外保全」を、繁殖地や採餌環境を改善する「生息域内保全」との両輪で実施することで、より効率のよい野生個体群の復元が期待できる。

日本でも、環境省が設立した各地の野生生物保護センターや動物園などの飼育展示施設を中心に、「種の保存法」（絶滅のおそれのある野生動植物種の保存に関する法律）に基づいた保護増殖事業が進行中である。

環境治療と救護の課題

前述したように、野生動物のけがや病気、死亡原因に何らかの人間活動が関与している割合は非常に高い。人間が傷つけてしまった個体を、責任を持って治療し可能な限り野生に返すことは、人間が自然界や野生動物に与えているさまざまな影響に対する補償的な意味合いもある。個体の救命に努めるとともに、彼らの苦痛や命を無駄にしないためにも、けがや病気の原因究明を徹底的に行い、再発防止につなげるため考えうる対策を着々と進めていくことが重要だ。特に事故などの人為的な野生動物との軋轢（あつれき）については、同じことを繰り返させないためにその根源を断つことが大事だ。この人間と動物を育む自然環境を健全で安全なものへ変えていく（治療する）取り組みを、私は「環境治療」と名付けて、活動の基軸としている。環境治療により人為的なけがや病気の発生を予防することは、先に述べた「自然界のルール」にのっとって生態系のバランスを保ち、その健全性を向上させることにもつながる。

野生動物医学の中でも、私は特に保全医学の分野に携わっている。保全医学は、人間の健康、動物の健康、および生態系の健康に関わる領域を連携させることを目指す、比較的新しい学問領域だ。医学や獣医学の観点から人や動物の健康を守ることだけでなく、これらを育む生態系の健全性を維持するための生物多様性や自然環境の保全に関する研究や取り組みも、保全医学の重要な活動範囲となる。保全医学的な活動を円滑に推進するためには、獣医学、医学、生態学など、さまざまな分野の研究者が活発に情報交換し、互いに協力していくことが求められる。環境治療は、野生動物に対するそうした保全医学的な活動の力点として位置づけられるべきである。

救護活動を行う上で、もう一つ重要なのは、行為そのものが自然界にとってマイナス要因にならないよう配慮することだ。言うまでもないが、そもそも救護の必要がない動物を保護収容してはならない。けがや病気の個体と誤認されやすい正常な巣立ちびなや、幼獣を誤って「救護」してしまっては、捕獲行為そのものが個体と生態系に不要な影響を与えてしまう。誤って捕獲するのを防ぐためには、獣医学的なスキル以上に、野生動物の生態に関する正確な知識が不可欠だ。また治療した動物を不用意に野に放ち、生態系や遺伝的多様性を乱すのを防ぐことも大切だ。種の分布状況や季節的な生息域の変化なども十分考慮に入れ、野生に復帰させる時期や場所を慎重に選ぶべきである。夏鳥を冬季に放したり、特定の地域に固有な種を、本来分布していない場所に放すことは避けなければならない。その時々で得られる餌の質や量、環境へ適応する能力などが、野生に返った個体の生存率にも大きく関わってくるからだ。
さらに、本来は自然界にない病原体などを飼育施設から自然界に持ち出さないための配慮も必要で、野生復帰に際しては事前に個体の健康診断や必要な検査を、専門的な知識を持った獣医師が十分に行うことが求められる。

けがや病気の野生動物の救護活動には、解決すべき問題点や整理すべき課題が山積している。まず救護施設などに収容可能な動物の数に関する問題が挙げられる。個体を受け入れることができる能力は施設ごとに大きく異なるが、国内における救護の現状をみると、どの施設も決して十分な状況であるとは言えない。手厚い治療が必要な動物は個別のケージや飼育室で管理するのが普通であるが、長期間の療養が必要な個体も多く、十分な許容量やスペースを確保するのは容易ではない。また軽い治療やリハビリテーションの段階に移った動物は、必要に応じて同種や異種と同居させることもあるが、食欲や行動などの個体状況を正確に把握するのは難しくなる。さらに、一生飼育されることを余儀なくされた個体を一般の入院動物と同じ施設で飼育しなければならない場合も多く、年を追うごとに飼育数が増え、各施設の負担となっていることが多い。

収容される種に関連する問題も無視できない。大型種や人にとって危険な動物、特殊な生態をもつ種などは、特に飼育施設の広さや特殊性、飼育管理の難易度、さらには取り扱いの安全性に対応できる施設や体制が十分確保されていない現状がある。多くの鳥獣保護施設などからの情報によると、保護される動物のうち鳥類が占める割合が圧倒的に高い。保護される可能性のある鳥類の内訳を考えても、小鳥類や水鳥、猛禽類、海鳥など、それぞれ特徴ある生態を持ち、飼育施設や餌の面だけでも全てに十分対応できる体制を整えるのは夢物語である。

質の高い獣医療や飼育管理を行うには、運営資金や人的資源の確保も無視できない。しかし現在、けがや病気の野生動物の救護に潤沢な予算がつぎ込まれている施設はないに等しい。救護活動というものは、個体の救命のみならず、生物多様性の保全や環境教育にも深く関わる。その意義をより一般社会に広く周知することが、この問題の解決の糸口になるものと思う。

野生動物救護の最前線に身を置いていると、しばしば人間の価値観やルールによってけがや病気の動物の命が翻弄されている現実を垣間見ることがある。かねて北海道では社会問題になっている人獣共通感染症のエキノコックス。この病気の媒介に深く関与しているキタキツネは、病の元凶として敵視され、駆除の対象とされてきた。もっとも、エキノコックス（多包条虫）は終宿主であるイヌ科動物（およびネコ）に対しては病害を与えることはほとんど無く、あくまでも人間生活における公衆衛生的な観点からこの野生動物の駆除

交通事故に遭いICUの中で生死の境をさまようキタキツネの子ども

が行われてきたことを忘れてはならない。
　昨夏、一頭の子ギツネの治療に携わったことが、野生動物と人間の付き合い方がいかに複雑であるかを再認識するきっかけとなった。
　雨の日の夕方、釧路市内の路上に横たわっていたキタキツネの子どもが、大型トラックの運転手によって運ばれてきた。少し強面の男性に抱かれた子ギツネは、全身がびしょぬれ。交通事故で頭を強く打ったとみえ、意識がもうろうとして立つこともままならない。キツネのけがや病気の個体の所管官庁は本来北海道なのだが、有害獣として駆除の対象にもなっているせいか、道は救護に全く乗り気ではなかった。そのため当所で引き取り、ただちに検査と治療を開始した。幸い骨折などは無かったが、内臓や脳の状態が心配された。点滴や注射による薬剤投与と酸素吸入を実施したが、数日間ＩＣＵの中で昏睡状態が続いた。

　エキノコックスの媒介や農畜産業への悪影響など、さまざまな問題もある動物だが、人間によって傷つけられた子ギツネにまでこれらの理由を当てはめて、その命を見捨てることに、私は大きな疑問を感じる。人との軋轢（あつれき）を軽減するための有害鳥獣捕獲で、毎年何千頭ものキタキツネが駆除されている。しかし、これは目的や場所、目標とする捕殺数を明記した上で行政に申請し、特別に許可が下りた場合にのみ、計画に基づいて実施されるものだ。人為的な事故で傷ついた動物を駆除の代わりと位置付け、これ幸いと命が尽きるのに目をつぶるのは、私には到底理解しがたい。野生動物であるキタキツネが人里にたびたび出現し、人間生活に害を及ぼしている背景には、観光客による不用意な餌付けや家庭ゴミの不始末などによって、彼らを人の生活圏に呼び込んでしまっている現実があるのだ。人が傷つけてしまった野生動物は、人間が責任を持って治療して野生に返し、再発の防止にも最大限努めるべきだと私は思っている。もちろん、個体数の激増によってさまざまな問題が生じているエゾシカなどについては、けがや病気の個体の発生数や体制の面で、全て適切に取り扱うことは現実的に不可能である。しかしながら野生動物福祉の観点からも、現状と課題を直視し、傷つく野生の命と真摯（しんし）に向き合うべきではないだろうか。

交通事故に遭った子ギツネは、何度かてんかんのような発作を起こして危険な状態に陥ったものの、集中治療によって少しずつ容態が安定した。野生での生活にまだ慣れていない幼獣であったため、親元に帰す努力を行ったが結局かなわなかった。そこで、この個体については、私たちの目の届く範囲に放し、自然界でも入手できる餌を最低限補助的に給餌しながら徐々に野生での生活に順応させる、ソフトリリースという手法をとった。日を追うごとに人前に姿を現す頻度は減り、無事野生に返ることができたと思われる。

一般市民から受け取った命と志のバトンを、途中で放棄することなく自然界というゴールまで送り届けることが、行政やアンカーである獣医師の大切な役割だと思う。

諸外国との連携

日本列島は南北に長く連なっており、それ故、多くの渡り鳥がこの列島を移動の経路として利用している。北海道は北方から渡来する鳥類にとって北の玄関口となっており、特にサハリンを間近に望む宗谷岬は多くの種が通過する渡りの要所だ。

オオワシやオジロワシの大多数は冬鳥として北海道に渡来する。オオワシはロシア極東のオホーツク海沿岸地域で繁殖し、北海道を中心とする北日本で越冬する、世界最大級の渡り性猛禽類である。日本の国内法では「種の保存法」や文化財保護法（天然記念物）で保護されているほか、日ロ渡り鳥等保護条約の対象種にも指定されている。また、ロシア国内法によっても希少種として保護されており、両国を行き来しながら生活しているオオワシを両国が協力して保護する体制が整い、進められているかのように見える。しかしながら、オオワシの将来は決して安泰とは言いがたい。

越冬地北海道では、鉛弾の誤食に起因する鉛中毒や事故などによる死亡が後を絶たない。一方、一大繁殖地の一つであるサハリン北東部の沿岸地域では、サハリン開発と呼ばれる大規模な石油天然ガス開発が着々と進められ、繁殖環境の破壊と油流出事故の脅威にさらされているのである（詳細は4章に）。

両国協力の上での本種の保全は、もはや待った無しの状況であるにも関わらず、日ロ間に横たわる領土問題の壁が大きな障害となり、大規模越冬地である北方領土の共同調査すら思うように進んでいない。ようやく最近になって、大量死を引き起こしかねない油流出事故や鉛中毒に関する知見や救護技術を共有し、不測の事態に備えるため、少しずつではあるが両国政府や民間による人的交流が行われ始めようとしている。

数年前、猛禽類医学研究所が実施したオオワシの鉛中毒治療に関する研修（環境省・日ロ共同オオワシ調査）に参加したサハリン動植物公園の要請で、２００９年7月下旬、同園を訪れてオオワシの治療を行った。

このオオワシはその前年、サハリン北部で翼を骨折した状態で発見された。医療機材や専門人員の不足から、本格的な治療が行われないまま長く飼育されていたため、骨折部分は〝くの字〟に曲がったまま癒合していた。

さらに、狭い飼育ケージで羽ばたくたびに地面や壁に翼を打ちつけていたらしく、手根部（手首の関節）から先の皮膚が裂けていた。大きくえぐり取られた筋肉のすき間から骨の一部が露出しており、頻繁に大出血を起こしているという。

傷の状態が悪いことから第一選択肢として翼の切断が検討されていたが、若いワシの将来を考えて翼の温存を試みることにした。点滴と全身麻酔を施しながら、日本から持参した電気メスを用いて患部を整復し、湿潤療法により皮膚の再生を促す外科処置を行った。

最悪の結果は免れたものの、治療までに長い時間を要したこのワシは、残念ながら野生に戻ることはできない。同園では、日ロ交流のかすがいになってくれたこのオオワシを大切に飼育し、将来は大きなケージで繁殖させたいと話していた。

同園には2人の獣医師がいたが、往診の機会を利用して、彼らに電気メスの使い方や鳥類への輸液方法、麻酔管理などの技術を習得してもらった。

北海道と宗谷海峡を挟んでわずか四十数キロに位置し、オホーツク海を共有するサハリ

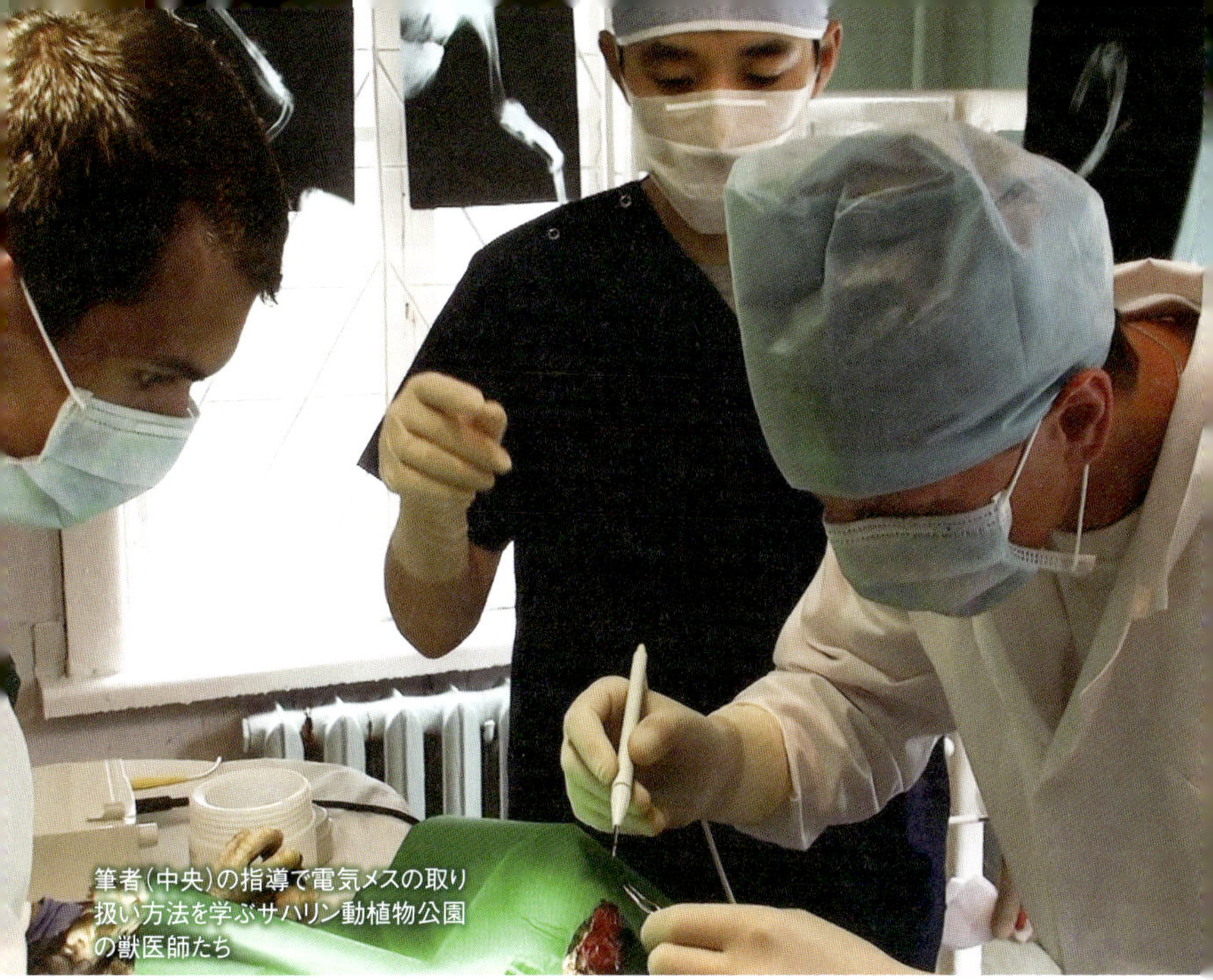
筆者（中央）の指導で電気メスの取り扱い方法を学ぶサハリン動植物公園の獣医師たち

ン。日ロ間を行き来する多くの渡り鳥や希少種の保護、さらにはエネルギー開発に伴う大規模な石油汚染事故に備え、日本とロシアの獣医師が日頃から親密に交流しながら国境を越えた野生動物の救護体制を整えておくことが非常に重要だ。

前述の通り、南北に延びる日本列島は、多くの渡り鳥の移動ルートになっているが、大陸との間を行き来する種の多くは朝鮮半島を経由して渡りを行っていることが分かっている。2011年早春に道東地域で発生したオオハクチョウやカモ類の高病原性鳥インフルエンザも、同地で確認される数カ月前から南日本や韓国で大規模な発生がみられており、渡り鳥を介して北海道に伝播（でんぱ）した可能性が高い。バイオセキュリティーの観点から、隣国である韓国やロシア、台湾との情報交流を密にするとともに、必要に応じて協調して防疫に取り組まなければならない獣医師の交流も大変重要である。また、感染症のように越境する脅威以外にも、石油流出事故のように複数の国にまたがる大規模な環境汚染や、隣国における不測の事態に協力援助するためにも、情報、人、技術の交流を日頃より行っておくことが極めて重要だ。

日本では、野生動物医学や保全医学に関する取り組みや教育体制は20年ほど前から徐々に広がりを見せており、その範囲は人獣共通感染症などの予防や希少種の保全、個体群の保護管理など多岐にわたるようになってきた。中でもけがや病気の鳥獣の救護というアプローチは、獣医師の職域として社会に認識されている〝動物を治す〟という行為そのものであるため、一般市民にも理解されやすい。この分野での取り組みに関して比較的歴史が浅い近隣諸国においても、野生動物救護を皮切りに保全医学に携わりたいという獣医師や学生らが徐々に増加する傾向にあり、特に韓国では行政や教育機関が大々的に後押ししていることもあって、救護施設の充実や最新の技術や知見の輸入が盛んに行われている。

２００９年夏、私は韓国の釜山で開催された野生動物救護の講習会に講師として参加した。ナクトンガン・エコセンターに併設された野生鳥獣の救護施設に集まった40人近い参加者のほとんどは、動物病院を開業する臨床医であった。

食い入るように講師の手元を見つめる受講生の熱意に、しばしば圧倒された（韓国・釜山）

２日間にわたる座学と実習の内容は、捕獲や診察といった基礎的なものから、麻酔や整形外科などの応用編にまで及び、早朝から深夜まで実践的な救護技術をたたき込まれる。参加者のモチベーションは非常に高く、国民性を反映してか皆とても熱い。

韓国で野生動物の救護活動が本格化したのは10年ほど前からだ。会場となった救護センターは約１億円をかけて前年設立され、その費用は国と地方自治体が折半したという。当時、同様の施設は12カ所で建設が予定されており、すでに８カ所が完成していた。運営費のほとんどは地方自治体が賄っているが、常勤の獣医師を配備するなどソフト面も充実している。技術講習会は、各所の持ち回りで２００３年から開かれており、今回は文化財局の資金提供を受けた。韓国における野生動物救護は、獣医師のみならず、政府や世論を巻き込んで、まさに飛ぶ鳥を落とす勢いで体制の整備が進められているのである。

要望のあった治療技術のレクチャーに加えて、私があえて時間を割いたのは、行動観察による心理状態の把握や、けがや病気による死亡原因の究明とその予防方法だ。傷ついた者たちの気持ちを顧みず、治療の押し売りをしてはならないし、とくに人為的な原因については事象を紐解き、同じ痛みや死を防ぐ取り組みが重要である。傷ついた動物と環境の治療が両輪となって、初めて有意義な野生動物救護が実現する。

2008年7月、オオワシ調査の帰りに立ち寄ったサハリン動植物公園で、思いがけない動物と出合った。広さ2畳ほどの小屋の中で、巣立ち後間もないシマフクロウのひなが1羽たたずんでいたのだ。

北海道に生息するシマフクロウの亜種は、道外では北方領土とサハリンにしか分布していないとされ、日ロ両国で厳重に保護されている。ひなはこの月中旬に国後島古釜布（ふるかまっぷ）の路上で衰弱しているところを地元民に発見され、保護施設のあるサハリン動植物公園まで州政府の職員によって空路運ばれてきたとのこと。収容状況から、何者かが同島の生息地か

北方領土の国後島で保護されサハリン動植物公園で
飼育されていたシマフクロウの幼鳥

らひなを連れ出し、市街地に放置した可能性が高い。

初めてシマフクロウを飼育することになった同園に求められ、センターでの経験を基に治療や飼育方法を指導した。貴重な展示動物として大切に育てることを約束してくれたものの、残念ながら野生に返すつもりはないようだった。

この事例は、領土問題を抱える両国間に、行政上の大きな課題が存在することを浮き彫りにした。国後島の帰属を主張する日本にとっては、天然記念物や国内希少野生動植物種が不法に国外に持ち出されたことになる。他方ロシアでは、単なるサハリン州内の移動と解釈されている。情報提供した日本の関係省庁が具体的な行動を起こしていないことからも、国境の狭間に立つ野生生物の扱いが極めてデリケートな国際問題に発展しかねないことがうかがい知れる。

北方領土に生息する野生生物の保護や救護の体制を改善するため、人道支援活動と同様に、領土問題を超えての枠組み整備が急がれる。

＊治療室から＊

〈鳥たちの受難〉

食べ過ぎが災いし凍死寸前に

けがや病気の鳥の救護活動を行う中で、首を傾げたくなるような症例に出合うことがある。

ある年、根室地方で保護されたオジロワシの幼鳥は、飛ぶことができないほど衰弱していた。釧路湿原野生生物保護センターに運ばれてきたワシを直ちに診察したが外傷はなく、事故ではなさそうだ。すぐに気が付いたのは、異常なまでの嗉嚢（そのう）（食道の一部が袋状に拡張してできた器官）の膨らみ。触診してみると何やら硬いものがいっぱいに詰まっているようだ。レントゲン検査では嗉嚢と胃に大量の内容物があり、三日月形の小さな骨のような物が充満している様子だった。

検査のため喉の奥に特殊な鉗子（かんし）（医療器具）を挿入して嗉嚢の中身を取り出してみると、その特徴から魚の耳石であることが判明した。要するにこのワシは、腹いっぱいになるまで魚の頭を食べていたということになる。そのような

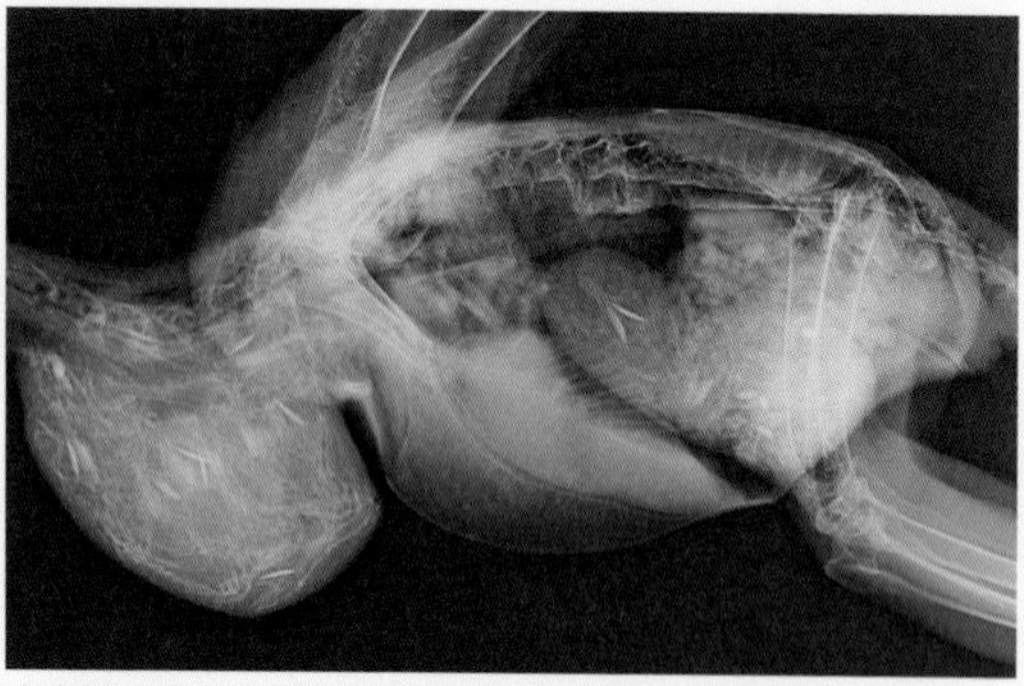

水産加工場で魚の頭をたらふく食べ、飛べなくなったオジロワシのレントゲン写真

状況になる環境が果たして保護された場所の近くにあるのだろうか。後日、現場検証のため現地に赴くと、なるほどワシが保護された場所のすぐ近くに水産加工場があったのだ。一時的に屋外に置かれていた魚のアラを、これはごちそうとばかりに若ワシが夢中で食べたに違いない。どうやら、あまりにも食べ過ぎたため体が重くなり、飛び立つことすらできずに凍死寸前となってしまったらしい。

数多く野生動物の症例を取り扱っていると、私たちの想像を超えた事例に遭遇することも少なくない。餌にあり付ける時にありったけ食べておくという、厳冬期の北海道で死に物狂いになって生きている野の者たちの姿を垣間見た症例だった。

オジロワシの二重苦

２００８年２月、列車と衝突して傷ついたオジロワシが野生生物保護センターに運び込まれた。根室から釧路に到着したＪＲ車両の最前面の連結器部分に挟まっていたらしい。平穏に一日を終わろうとしていた治療室は一気に慌ただしくなる。

直ちに点滴をつなぎ、エックス線撮影の準備に走る。頭を強く打っているせいか反応は鈍く、焦点も定まらない。酸素吸入を施しつつ臨床検査を進める。幸い体内に大出血はなさそうだが、上腕骨の複雑骨折がひどい。上半身を特に負傷していることから、線路上に降りていたところに列車が突っ込んだようだ。嗉嚢（そのう）が大きく膨らんでおり、口の周りは吐物で汚れている。よく見るとシカの毛と肉片だ。嫌な予感がした。採取した血液を鉛分析機にかけると予感は的中。鉛濃度は機器の測定限界値を超えた。鉛中毒だ。鉛弾で射止めたシカなどを解体時に遺棄したり、被弾した動物が別の場所で死んだりした場合、その肉を食べた猛禽（もうきん）類がかかる重病だ。高濃度の鉛が血流に乗って体内を巡り、全身の臓器に重大な影響を及ぼす。

すぐさま静脈内に解毒剤を投与し、高濃度の酸素で満たした集中治療室に移

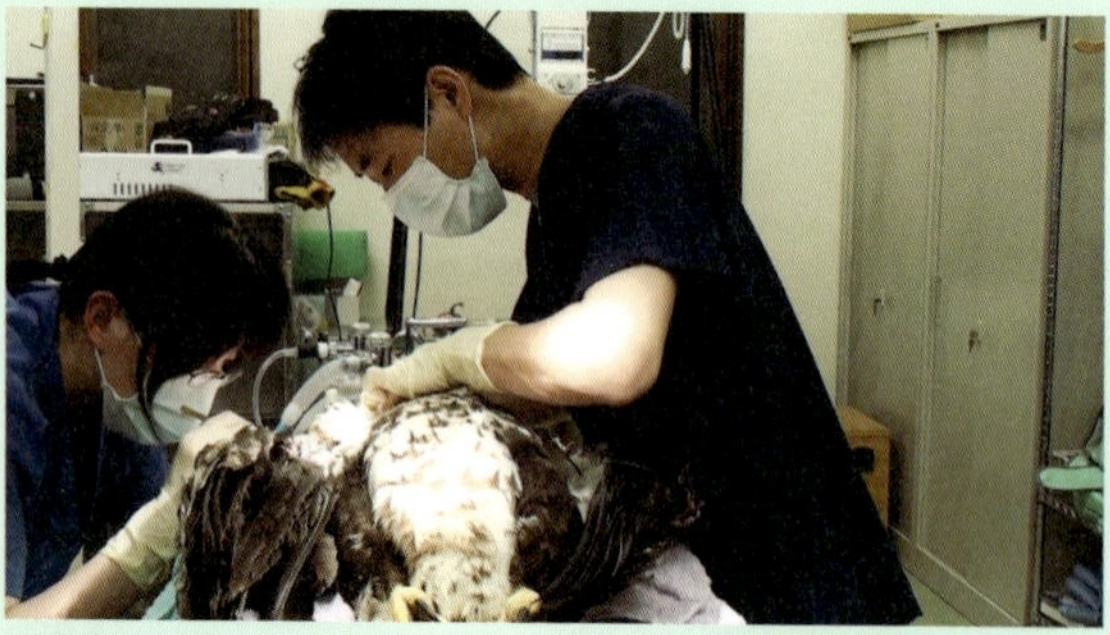

列車事故に遭ったオジロワシの傷を確認する。血液中の鉛濃度も高かったため無理はさせられない

す。この危機的な状況を脱しなければ、手術には耐えられない。

ワシは鉛中毒に陥りながらも、餌となるシカの轢死体を求めて線路に近づき、致死的な疾病と重度の外傷という二重苦を負ってしまった。それでもなんとか手術を乗り切り、九死に一生を得ることができた。骨折が完治した後、このワシは果敢にも飛ぶための筋力や採餌能力を取り戻すためのリハビリに挑んだが、結果的に野生に返る夢はかなわなかった。

人間の生活が野生動物の傷病原因を生む限り、私たちには回復と野生復帰に誠心誠意手を貸す義務がある、と私は思っている。

（鉛中毒、列車事故についての詳細は2、3章に）

若いオオワシとの悲しい再会

長年にわたるけがや病気の野生動物の治療の現場で、過去に関わったことのある動物と再会することがある。治療後に野生復帰させた動物が、再び同じ原因や全く別の原因で再収容されることも少なくない。リハビリテーションを施して野生復帰させたにもかかわらず、自然界での過酷な生活についていくことができず、餓死寸前で再捕獲されたオジロワシやシマフクロウもいた。また、重度の鉛中毒症により収容され、長期間にわたる解毒治療の末にようやく野生復帰させたクマタカが、数カ月後に鉛中毒死して野生生物保護センターに戻ってきた例もある。

とりわけ心に残る再会があった。ある冬、1羽のオオワシが感電事故に遭い、まだ焼け焦げた臭いのする死体となってセンターに搬送されてきた。その年の夏に生まれ、ロシアから渡ってきたばかりの幼鳥だった。検査のため手術台の上に乗せると、ワシの脚に何かきらりと光るものが目に止まった。渡りの行動を調べるために研究者が装着する標識用の足環(あしわ)だとすぐに分かった。

オオワシの幼鳥を捕獲し、足環を付けている研究者は非常に限られている。嫌な予感がし、すぐに背中の羽毛をかき分けてみると予想は的中した。見覚えのある発信機が姿を現したのだ。その前年の夏、北サハリンの大湿原で、まだ巣の中にいたオオワシのひなに私が装着した発信機のひとつだった。無事に日本まで渡ってくるんだぞと声をかけたことが思い出された。

北海道までの1000キロ近い道のりを、初めて渡ってきたばかりの幼鳥。高圧電流が流れているとも知らずに送電鉄塔を休息の場として選んでしまい、一瞬にしてその短い一生に終止符が打たれたのだ。冷たくなって再び私の手の中に戻ってきたこのオオワシとは、生まれて間もないころに出合い、死んで間もなくに再会するという結果になってしまった。若いオオワシは自分の命と引き換えに、彼らの生息環境に存在する大きな脅威を私に直訴しに来たのだ。短かった彼の一生を絶対に無駄にしないと、私は固く心に誓った。

フラッシュに目がくらみ墜落?

多くのカメラマンが野生のシマフクロウを撮影する目的で集まる旅館の横で、頭部に重い外傷を負い、視力に異常を来たしたシマフクロウの幼鳥が保護されたことがある。そのときの状況から、餌付け用の人工池で餌を捕るシマフクロウに対して、至近距離からストロボをたいたため目がくらみ、逃げた先の止まり木を踏み外して急斜面を滑落した可能性が考えられた。

厳しい自然の中に生きる野生動物の姿に魅せられた人たちは数知れない。中でも、世界を股にかけて珍鳥を追い求める熱心なバードウオッチャーやカメラマンにとって、分布域が狭く数も少ないオオワシやシマフクロウは、一度は野生に生きる姿を目にしたいと思う憧れの鳥だ。とりわけシマフクロウは、生息地である北海道の住人ですら、まず見かけることがない夜行性の鳥。加えて道内にわずか１４０羽程度しか生息していないとなれば、その姿を一目見たい、写真に収めたいと思うのは至って自然な気持ちだと思う。

野生のシマフクロウを見ることができる場所は限られている。夜行性の鳥なだけに、声や痕跡を頼りに、長い時間をかけて手がかりをつかんだ者だけが出合うことができる幻の鳥とされていた。しかしながら今日、シマフクロウの生息に関する多くの情報がインターネットなどを介して不特定多数の人々の間で共有され、これを頼りに特定の場所に大勢の見物人が押しかける事態となり、人と野生動物の距離は年々近づいている。

シマフクロウも、人間のつくり出した環境を利用して生活している者が少なくない状態だ。野生動物は自然界で生き抜くためのすべとして、効率よく餌にありつける場所を選択的に利用する。容易に魚を狙える養魚場や観光目的に餌付けをしている旅館の周辺に居着く個体もいる。結果的に人間の生活圏内に野生動物を引き込んでしまっているが故に、副次的にさまざまな人的な悪影響を助長してしまっている。不可抗力的なものとしては、感電や交通事故などが挙げられるが、最近問題となっているのは、野生動物に対する一番の理解者であるべきバードウオッチャーやカメラマンのマナーである。繁殖期中に巣の近くに立ち入り抱卵や子育ての妨げとなっているケースや、前述の観光客に写真を撮らせる目的でシマフクロウを人工池に餌付けている事例が確認されている。

特にシマフクロウなど夜行性の動物はわずかな光の下で活動できるような目を持っており、強い光を目にした場合、しばらく瞳孔が絞られたままの目がく

シマフクロウの餌付けが行われている河畔に設置された数多くのカメラとストロボ。幸い現在では状況がやや改善されている（辻幸治撮影）

らんだ状態になり、一時的に盲目になってしまうことがある。同時に光や物音、人の気配などに驚いたシマフクロウが行き先もよく見えないままに飛び立ち、枝や建物に衝突したり、着地に失敗して高所から転落することもあり得る。
美しい野生動物の姿、行動の息をのむ一瞬は見る者をとりこにし、写真として記録したいという気持ちはよく分かる。多くの一般市民に、野生動物の素晴らしさを知ってもらうツールとして写真や動画が極めて有効であることも事実である。だからこそ、自然にひかれ自然を愛する人たちには、野生動物に影響を与えないように人一倍節度をもって彼らと接してほしいと切に願う。時には一歩身を引くことで、野生動物との共生を有言実行し、一般市民への見本となってほしいものだ。

深刻さ増す海鳥の混獲

２００９年５月、根室市花咲港近くのささやぶで負傷した鳥を保護したと、大きな段ボール箱三つが野生生物保護センターに運ばれてきた。時折、中から牛に似た大声が聞こえる。恐る恐るふたを開けてみると、巨大なアホウドリ１羽とコアホウドリ２羽が飛び出してきた。アホウドリは翼を広げると２・４メー

根室市のささやぶで保護された若いアホウドリ。大きなくちばしは最大の武器だ

浜中町の港で収容されたコアホウドリ。混獲が疑われる傷を負っていた

トルにもなる巨鳥で、国内希少野生動植物種や特別天然記念物に指定されている希少種である。

このような珍しい海鳥が、なぜ海岸から500メートルも離れたささやぶで相次いで見付かったのだろうか。以前、今回の状況と非常によく似たことがあったのを思い出した。前年4月、同じ花咲港内で6羽のコアホウドリが相次いで発見され、まだ息のあった4羽の治療を行った事例である。内股や背中に漁網によると思われる痛々しいすり傷や切り傷が見られたことから、混獲された後に港まで連れてこられ、放棄されたのではと推察された。

今回の症例でも、脚や口内に多数のすり傷や内出血が見られたため、網のようなものに絡まったために傷ついたと思われた。また海鳥たちが狭い範囲で集中して発見されたことから、何者かに内陸まで運ばれ放棄された可能性が大きかった。

混獲による海鳥の被害は以前から問題となっており、道内ではウミガラスやエトピリカなどへの被害が深刻だ。漁業関係者や地元住民の協力の下、さまざまな対策が取られているが、依然として混獲が海鳥にとって大きな脅威であることは間違いない。

漁網に絡まった海鳥は、外傷により浮力を失っていることが多い。被害に遭った鳥を速やかに治療機関に運び適切な治療を施せば、再び海に返せる可能性もある。今回収容されたアホウドリたちは、治療や浮力の確認、栄養補給などの処置を受けた後、再び海へと戻っていった。

豊かな海を生活の糧としている人間と海鳥たち。共生に向け、今いっそう努力してほしいと、海からの使者が身をもって伝えに来た気がしてならない。

空から鳥が降ってきた⁉

10年以上前、初めてこのような通報を聞いたときは、電話口でしばし考え込んでしまった。

千葉県内の河原で発見者が犬と散歩をしていると、巨大な鳥が目前に降ってきたという。話を聞くうち、落下物はオオワシの幼鳥で、飢餓によって著しく

フライングケージ内でリハビリ中のハヤブサ。力強い飛翔を見ると、
とても空から降ってきたとは思えない

衰弱し、橋の欄干にとまろうとした際、足元がふらついて落下したらしいと分かった。

幸いこの鳥は後日釧路まで空輸され、しばらく野生生物保護センターで治療とリハビリを施された後に野生復帰した。

次の事例は数年前のこと。根室市の路上に落ちてきたのはオオワシの成鳥。左膝脱臼の重傷を負っており、数日前に車と衝突した可能性が高かった。うまく歩くことができないものの飛ぶ力は残っていたため、しばらく廃棄物などを食べながら生活していたらしい。最終的には力尽きて車道に不時着し、危うくひかれそうになりながらも救助された。このオオワシは数時間にも及ぶ手術によって膝が再生され、過酷なリハビリを経て約1年後に野生復帰を果たした。

今回降ってきたのは、若いハヤブサだった。空中でカラスと格闘しながら落ちてきたという話はドラマチックでさえある。カラスは即死、ハヤブサは全身打撲を負いながらも奇跡的に命に別条はない。腹をすかせ一か八かでカラスを襲ったのか、それともカラスに襲われて返り討ちにしたのだろうか。

このハヤブサは驚異的な回復力を見せ、巨大なリハビリケージの中で野生復帰に向けたトレーニングを受けた後、野生復帰を果たした。

手術した患部を保護するため襟巻き状の包帯を巻いたオオタカの幼鳥

ノンフィクションの域を超えたこのような実話と何回も出合えるのは、救護の最前線で毎日動物と向き合っている者だけの特権なのかもしれない。

喉を突き破って何かが……

「傷ついたタカを収容した」との連絡を受けて駆けつけると、首の付け根から腹にかけて大量の粘液と肉片にまみれたオオタカの幼鳥が1羽、コンテナボックスの中にたたずんでいた。どうやら嗉嚢（そのう）が破れているらしい。嗉嚢は食道の一部が袋状に発達した器官で、食べた物を一時的にためておく役割がある。

すぐさま野生生物保護センターに搬送し、緊急手術を開始した。ガス麻酔をかけて注意深く観察すると、傷は外部からの刺し傷ではなく、まるで映画「エイリアン」に登場する異星生物のような何者かが、身体の内側から皮膚を突き破って飛び出したようだった。しかも、嗉囊は傷のない皮膚の下でも破れており、その数は5カ所にも及んでいた。

２００８年にアメリカのニュースサイトで見た〝タカの胸から小鳥の足が生えた〟という写真記事を思い出した。衝撃的な写真をよく見ると、食べたばかりの小鳥の足が何かの拍子に嗉囊と皮膚を突き破り、あたかも胸から足が生えているように見えているのではないかと思われた。

今回の症例も、食事を終えたばかりのオオタカが衝突や落下などにより強い衝撃を受け、嗉囊の中にあった獲物の骨や足が皮膚を破って飛び出した可能性が高い。

発症原因を突き止めることは治療方針を立てる上でも大切だが、時には獣医学の枠を超えた「謎解き」を強いられることがある。いきなり突きつけられた難問を前に、治療室で獣医師が頭をひねることも少なくない。

釧路港で保護され、釧路湿原野生生物保護センターに収容された「オレンジカモメ」

珍鳥!?オレンジカモメ

「釧路港にオレンジ色のカモメが何羽もいる」と連絡を受けたのは、2007年の夏の朝だった。車を飛ばし、目にしたのは確かに鮮やかなオレンジ色に染まったカモメたち。「珍しい鳥ですね」という港湾関係者の言葉をよそに、観察するとオオセグロカモメとウミネコだった。多くは岸辺で衰弱しているが、おぼれそうになりつつ必死に泳いでいる鳥もいる。

油汚染か。鳥類の体表羽毛に油が付着すると、防水の仕組みが損なわれ、皮膚と水を隔てる空気の層に水が入り込む。結果、水鳥は浮力や保温能力を失い、溺死したり衰弱死したりするのである。

釧路支庁（当時）が総括となり、環境省や海上保安庁を交えた大捕物が始まった。陸上の鳥は比較的簡単に保護できたものの、泳いでいるカモメの捕獲は一苦労で、最後は巡視艇からタモ網ですくい上げてもらった。全身がオレンジ色の油で汚染されている。北海道の分析によると、汚染物質はカロチノイド系の色素とのことだが、食品など多くのものに含まれているため、由来は謎である。

緊急収容先となった野生生物保護センターには、オオセグロカモメ30羽とウミネコ2羽が収容された。検査の後、油に汚染された鳥の救護技術を持つボランティアの手を借りて洗浄作業が行われ、最終的に30羽のカモメを野生に返すことができた。

多くの人たちが力を尽くしても、大規模な油汚染が起きたならば救える命は限られる。環境汚染を引き起こさない、厳格な体制づくりが何よりも重要であることは言うまでもない。

2章　鉛中毒

ワシが大量死

これまで経験してきた野鳥を脅かすさまざまな症例のうち、鳥類の鉛中毒との関わりは深い。最初のきっかけは大学生時代に取り扱ったコハクチョウの例にまでさかのぼる。長野県の諏訪湖で収容された死体の死因究明を財団法人山階鳥類研究所に依頼され、病理解剖を行った結果、鉛製の重りや針を含む釣りの仕掛け一式が胃の中から出てきた。アマモなどの水草を食べる際、絡まっていた釣りの仕掛けを一緒にのみ込んだらしい。

重りは扁平にすり減っており、胆嚢（たんのう）の膨満などの所見や組織中の鉛濃度、病理検査の結果などにより鉛中毒症と診断された。症例の結果をまとめ、その年の日本鳥学会で発表したのであるが、この時、同学会評議員でさまざまな環境問題に取り組んでいる竹下信雄氏とともに鳥類の鉛中毒防止に関するキャンペーンを行った。それ以来、彼とは連絡を取り合いながら、その後北海道で多発した猛禽（もうきん）類の鉛中毒問題などに対して警鐘を鳴らす活動をともに行ってきた。口の悪い仲間からは「あの２人は鉛（はんだ）でベッタリくっついてる仲だから……」と言われているらしい。

このような経験があったからか、北海道で猛禽類の鉛中毒症例に出くわしたときは、何か運命めいたものを感じ、この問題に真摯に取り組み、鉛中毒の根絶を目指すことが私に求められている使命なのではないかと思ったのである。

１９９０年代後半から、北海道ではオオワシやオジロワシの鉛中毒死が相次ぎ、大きな社会問題になっている。狩猟で射止められたシカの多くは猟場で解体され、被弾部や食用に適さない部分は、そのまま山野に放置されることが多かった。これらの死体には鉛弾の破片が数多く残っており、猛禽類が餌として放置された肉を食べる際、鉛をのみ込み重い鉛中毒に陥る。海ワシ類の銃弾による鉛中毒死は、１９９６年に初確認して以来、集計が終わっている２０１３年春までに１５０例以上が確認されている。これらのほとんどが、山菜採りの人や釣り人によって偶然発見され、彼らの好意で行政機関などに運ばれた後、専門的な検査によって鉛中毒であると確定診断された数であることを忘れてはならない。人間が足を踏み入れることのない厳冬期の山中で、発見されることもなく消えうせてしまった死体も数知れず、実際の被害数は見つかった中毒個体や死体の数よりもはるかに多

雪深い山奥で鉛中毒死したオオワシの成鳥

ハンターにより放置されたエゾシカの死体。食用として適した部分のみが切り取られ、
被弾部や内臓など鉛ライフル弾の破片を多く含む部位が猟場に残された

いと思われるのだ。

以前より日本で発生が確認されていた鳥類の鉛中毒症の多くは、鉛製の散弾や釣りの重りをのみ込んだカモやハクチョウの事例であった。水鳥類は、ひき臼のような作用のある筋胃（砂ぎも）での消化を助ける目的で、餌と一緒に小石をのみ込む習性がある。水鳥猟で使用された鉛散弾が湖沼の底に沈むと、水鳥は小石と区別がつかずのみ込み、鉛中毒を発症する。また、釣りで根掛かりしたアマモなどの水草を、鉛製の重りのついた仕掛けごと食べることによっても鉛中毒となる。このようにして中毒に陥った水鳥を猛禽類が捕食した場合、猛禽類も鉛中毒になる。また、鉛弾で撃たれたが回収されなかった水鳥の死体や、被弾したまま逃げ延びた水鳥を猛禽類が食べ、二次的に鉛中毒症を発症した事例がまれに報告されていた。

オオワシの鉛中毒が初めて確認されたのは1996年のこと。網走で収容された個体は、やせてはいるものの外傷が全く見当たらなかった。解剖を進めていくと胃の中から鈍い光を放つ直径2ミリほどの丸い金属粒が一つ出てきた。学生時代、水鳥の鉛中毒問題と深く関わっていたため、すぐに鉛中毒を疑った。体重の減少や緑色の下痢、肝臓の退縮や胆嚢（たんのう）の膨満なども水鳥の鉛中毒時に見られる症状と一致した。ただちに、血液と臓器中の鉛濃度の測定を依頼し、数日後に高濃度の鉛が検出されたとの結果が出た。このときはオオワ

一つの狩猟残滓に集まった数多くのワシ。限られた餌を求めて多くのワシが集まり、強い個体から食べやすい被弾部の肉を口にし、より多くの鉛弾を摂取する可能性が高いことが観察で明らかになった(ビデオ画像より)

鉛中毒死したオジロワシの成鳥。有害鳥獣捕獲など、冬の猟期以外で鉛弾が使用された場合、繁殖鳥を含め留鳥として日本で生活するオジロワシは通年鉛中毒に陥るリスクを負う

ワシ類やクマタカの鉛中毒のほとんどが鉛ライフル弾に起因する

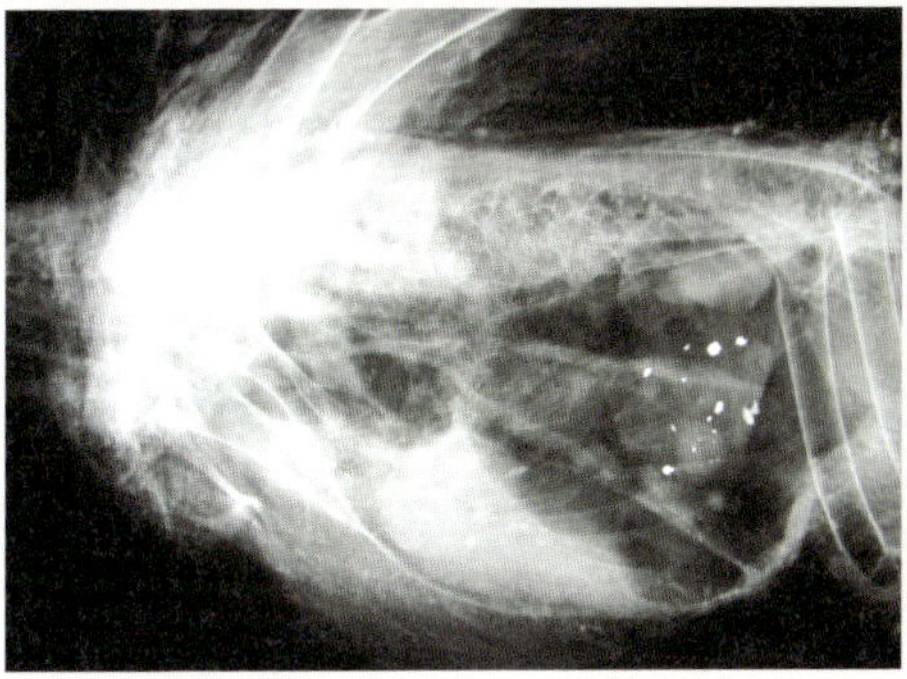

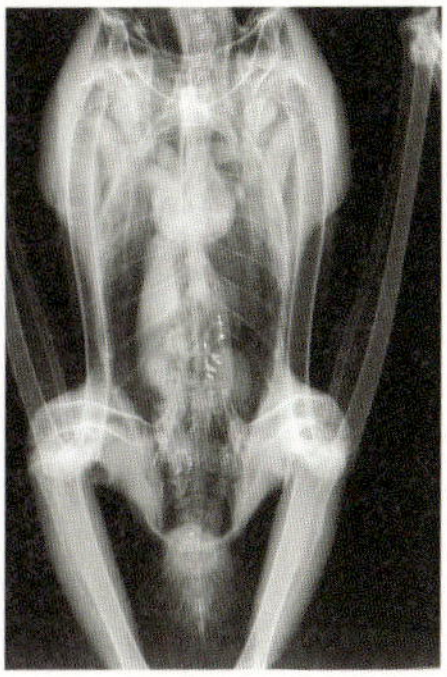

鉛中毒で死亡したオオワシのレントゲン写真。中央右寄りに見える白い粒状物が胃内にある鉛ライフル弾の破片

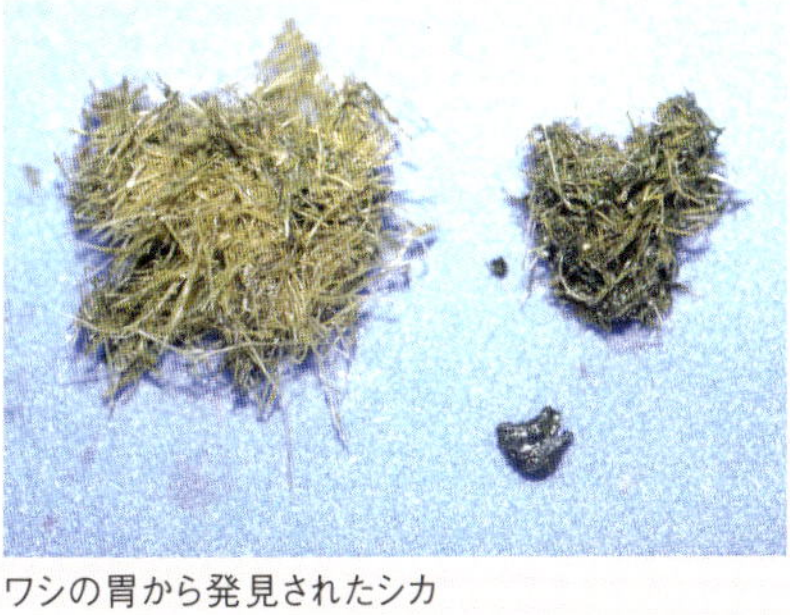

ワシの胃から発見されたシカの体毛と鉛ライフル弾の破片

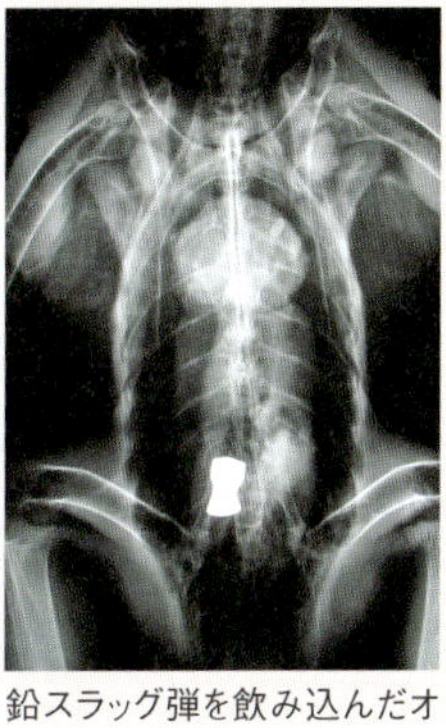

鉛スラッグ弾を飲み込んだオオワシのレントゲン写真

シの胃の中から見つかったのは、水鳥猟用の鉛散弾。撃たれたり、銃弾をのみ込んだ水鳥をワシが捕食して中毒に陥ったと思われた。

1997年度にはオオワシとオジロワシ合わせて21羽（オオワシ18羽、オジロワシ3羽）の鉛中毒死が確認されたが、ワシの胃内から見つかった鉛片の多くは、扁平もしくは砂粒状だった。最初、ばらばらに砕け、全く原形をとどめていない鉛片の由来が分からなかったが、ワシの胃内から鉛片とともにシカの体毛や肉片が検出されることが多かったことから、この鉛がエゾシカ猟で広く使われている鉛ライフル弾である可能性が極めて高いと考えた。

獲物に命中した鉛ライフル弾が、どのような形状に変化するのかを確かめる必要があったため、知り合いのハンターに協力を求めた。その結果、ワシの胃から見つかった鉛片の形状と獲物の被弾部に含まれるという鉛片の形状がまさしく一致したのだ。ワシ類で多発している鉛中毒の原因が、主にエゾシカ猟に使用された鉛ライフル弾の破片をのみ込むことであると97年に突き止めたのである。

エゾシカ猟で一般的に使用されている鉛ライフル弾が、希少種であるオオワシやオジロワシの大量死を招きかねない原因となっていることに強い危機感を覚え、環境庁（当時）にその状況を説明しつつ早急な対応を要請した。その際、物的証拠としてワシの胃の中から発見された鉛散弾と鉛ライフル弾の破片を当時の担当官（部門官）に手渡し、本庁の野生生物課に至急送付して、事態の早期解決に役立ててもらいたいとお願いした。

その後1年が経過し、一向に状況の改善に関する動きが環境省に見られなかったため、念のため預けてあった鉛弾の行方を尋ねてみた。驚いたことに担当官は自分の机の引き出しを探し始め、なんと奥から鉛片の入った小瓶を取り出したのである。鉛中毒の発生を少しでも早く食い止めることを願って手渡した鉛弾の破片は、そのままの状態で1年間も個人の引き出しの中で眠っていた。希少野生生物の保護に関する窓口の意識の低さに、怒りを通り越して絶望的な気持ちになったのをよく覚えている。

エゾシカ猟で通常使用されるライフル銃は、狩猟免許取得後直ちに使用することはできない。最初の10年間は散弾銃しか所有することができないのだ。散弾銃を扱うハンターは、シカなどの大型獣を射止める際、専用のカートリッジに入った大きなサボットスラグ弾などを使用する。この弾も一般的に鉛製であったが、この大きな金属塊までもがオオワシの胃から発見され、鉛中毒の原因の一つになっていることが証明された。

後に保存されていた過去の試料を調査したところ、１９８６年にはすでにワシの鉛中毒が発生していたことも判明した。さらに１９９８年度には26羽のワシ（オオワシ16羽、オジロワシ10羽）の鉛中毒死が確認された。ちなみにこの期間のワシ類の死亡発見総数は33羽で、

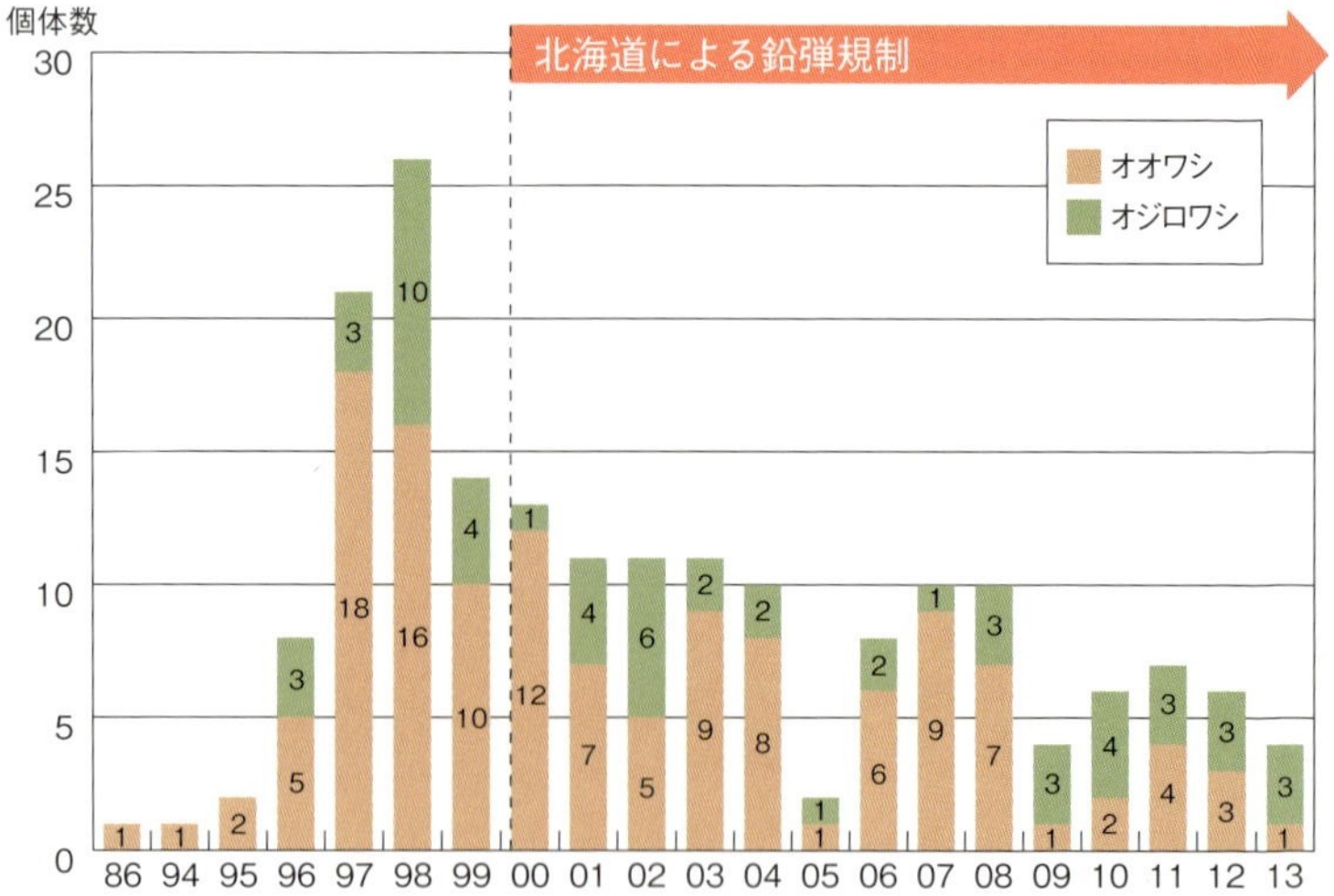

オオワシ・オジロワシの鉛中毒発生状況（年度別）

死亡原因のうち約８割を鉛中毒が占めるという異常な事態となった。

１９９８年７月、北海道庁がライフル銃で捕獲されたエゾシカの体内に鉛の破片が散らばって残留することを正式に確認してから、道内は世論を巻き込みながら鉛中毒の防止に向けて大きく動き出した。北海道では２０００年度からエゾシカ猟用の鉛ライフル弾の使用が規制され、２００４年度から全ての大型獣の狩猟において鉛弾が使用禁止になった。それにもかかわらず、その後もワシの鉛中毒は続き、２００４年度は10羽（オオワシ８羽、オジロワシ２羽）、２００６年度は８羽（オオワシ６羽、オジロワシ２羽）、そして２００７年度には10羽（オオワシ９羽、オジロワシ１羽）が高濃度の鉛に汚染されていたことが確認され（鉛中毒死した個体を含む）、規制順守の不徹底ぶりがあらためて証明された。詳

鉛中毒死したオオワシとオジロワシ

厳冬季の山中で発見される被害鳥は、実際に
被害に遭っている個体のごく一部に過ぎない
（石毛良明撮影）

細な検査と集計が終わっている2013年春までに、鉛中毒で死亡したオオワシとオジロワシは累計で150羽を超えているが、この数値はあくまでも山野で回収された死体や、衰弱して保護収容されたワシの総数であり、実際の被害数は前述の通り、見つかった数よりもはるかに多いであろう。

このほか2003年度に、留鳥として北海道の森林に生息する2羽のクマタカ（*Spizaetus nipalensis*）が鉛中毒で死んでいたことが確認され、銃弾による鉛汚染がオオワシやオジロワシのみならず、猛禽類全体に広く浸透していることが明らかになった。

牧草地に群がるエゾシカ

エゾシカ猟増加に連れて

北海道では、急増したシカ（エゾシカ）によってもたらされた農・林業被害を軽減させるため、1998年より道が実施を始めた「エゾシカ保護管理計画」に基づき、シカ猟や駆除が道内一円で積極的に行われるようになった。狩猟で射止められたシカは通常その場で解体されるが、食用に適した部分が切り取られた後、残りの部位は山野に放置されることがほとんどだった。エゾシカの捕獲数が増加するに連れて、ハンターが猟場に残していったシカの死体（残滓）が、山林のあちこちで見られるようになった。さらに、撃たれたものの手負いの状態で逃げ、後に別の場所で死んだシカの死体も数多く存在し、鉛の汚染源になっていたと思われる。

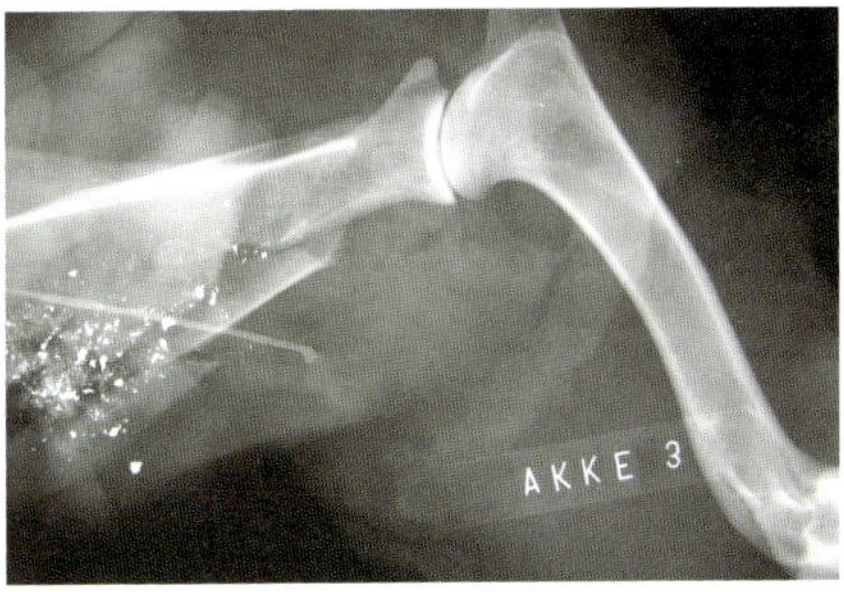

鉛ライフル弾で撃たれたシカの被弾部（レントゲン写真）。鉛弾の破片が無数に存在するのが分かる

シカの被弾部から摘出した鉛ライフル弾の破片。ワシの胃の中から発見される鉛片と形状が一致する

鉛弾の破片が数多く残っている被弾部は、皮膚に孔が開いて筋肉や内臓が露出しており、鳥類にとっては最も食べやすい。結果として、ワシは鉛弾の破片を含む部分を選んでついばむ傾向があることが、野外観察で明らかとなった。

ワシ類の鉛中毒の特徴として、繁殖年齢に達した成鳥が数多く犠牲になっていることが挙げられる。この傾向は、若いワシよりも生態的に優位な彼らが真っ先に新鮮なシカ肉を独占し、鉛を多く含む被弾部の肉を口にする機会がより多かったことが原因になっていると考えられる。自然界の中で生き残るすべを身に付けているはずの成鳥が、鉛によって数多く命を落としていることで、単に1羽のワシの死亡のみならず、結果的にこの個体が生み出すはずだった次世代の減少にまで影響は波及するのだ。

さらに、鉛の摂取量が致死的でなかったにせよ、鉛の影響で危険を回避する能力が鈍り、交通事故などで二次的に死亡する者や、体に変調をきたし過酷な渡りに耐えられなかった者、繁殖機能に悪影響が出た者まで含めると、ワシの死因にどれほどの割合で鉛が関与しているのか、その深刻さは計り知れない。北海道が行ったエゾシカの個体数管理が、希少種であるオオワシの絶滅の危険を助長するという皮肉な結果となった。

鉛中毒症は、治療をいかに迅速に行うかが救命の鍵となる。鉛の毒性は非常に高く、特に鳥類ではその影響が深刻である。さらに肉食である猛禽(もうきん)類は胃酸の酸度が高く、餌が胃内にとどまる時間も比較的長いことから、鉛の溶解が早く長時間にわたり、一般の鳥類よりも鉛中毒によるリスクが高いと考えられる。

鉛中毒は一般的に嘔吐(おうと)(猛禽類ではまれ)、食滞などの消化器症状、赤血球の破壊や造

重度の鉛中毒に陥り点滴により解毒剤を投与されるオジロワシ

血中鉛濃度測定器が示すHIは、測定不能なほど高濃度の鉛に汚染されていることを示す

近接した地域で保護されたオオワシとオジロワシ。鉛中毒は比較的狭い地域で同時に発生することがあり、特定の人物が撃った鉛弾で被害が出ている可能性が疑われる

血機能の障害による重い貧血をもたらす。また、肝臓や腎臓の機能障害、中枢神経や末梢神経にも影響する。鉛中毒にかかった猛禽類は、進行する全身症状により衰弱死するか、重度の運動障害により餓死もしくは凍死するのである。

鉛の解毒剤として用いられる鉛キレート剤（エデト酸カルシウム二ナトリウムなど）は副作用として腎毒性があり、個体の鉛濃度をモニタリングしながら投与方法や量を検討する必要がある。血液検査の結果、高濃度の鉛が確認された場合は、注射に加えて経口投与も併用している。猛禽類は警戒心が強く、心理的なストレスが不必要に体力を消耗させることもあるため、投薬方法や収容環境に細心の注意が必要である。治療の過程で随時鉛濃度の確認や臨床検査を行い、必要に応じて点滴などを介した対症療法を施しながらの治療となる。また、鉛中毒症の治療では、解毒剤の投与を中止した後に鉛濃度が再び上昇するリバウンド現象が見られることがある。これは血液中の鉛を解毒剤で除去すると、今度は肝臓や腎臓、骨などに蓄積していた鉛が新たに血中に放出される現象で、そのため鉛中毒症には長期間の治療が必要となることが多い。

市民団体「ワシ類鉛中毒ネットワーク」のメンバーにより回収されるオジロワシの死体

防止のための市民活動

鉛中毒によるワシの大量死とシカ猟用の鉛弾との関連が明らかになった1997年の7月、北海道東部の獣医師らが中心となって市民団体「ワシ類鉛中毒ネットワーク」を設立した（代表は釧路地区NOSAIの黒澤信道氏。筆者は事務局長として活動）。同ネットワークには学生や教員、会社員、ハンター、公務員などがメンバーとして参加し、それぞれの立場で関係する機関・個人と連携をとりながら、鉛中毒の防止に向けたさまざまな活動を行った。

まず、オオワシやオジロワシなどの大型猛禽類の生息状況を調査し、シカ猟の拡大に伴って内陸部に進出しているといわれる海ワシ類の動向を把握することを試みた。その際、確認されたオオワシやオジロワシの個体数、異常なワシ類の有無、狩猟残滓の放置状況、猛禽類がシカの残滓に集結している場面を確認したか――などの着眼項目を設定し、ワシ類以外の鳥類についても可能な限り同様の観点で記録をとった。その結果、狩猟残滓という新たな餌に徐々に依存していくワシの生態を明らかにすることができた。

また、鉛中毒の発生状況を把握するための調査も行った。ワシ類の鉛中毒被害の実態を正確に把握するためには、収容された生体、死体を詳しく調べ、鉛中毒であるか否かを逐一確認していく必要がある。このため、獣医師を中心としたメンバーで、ワシのレントゲン検査や血中鉛濃度の測定を行うとともに、死体の病理解剖や、臓器中の鉛濃度測定（北海道立衛生研究所で実施）を行うためのサンプルを採取した。その際、主に道内大学の獣医学科の学生らが率先して力を貸してくれた。さらに自然界で生活する猛禽類における鉛汚染状況を間接的に把握するため、野外で採取した糞便の鉛濃度測定やワシ類のペレット（生理的に吐き出した固形物）のレントゲン撮影も試みた。

さらに、北海道釧路支庁（現・釧路総合振興局）と協力して、２００３年度からエゾシカ残滓に残留する銃弾の調査も実施した。これは、野外に放置された狩猟残滓に残る銃弾を回収し、その形状や特性などから金属の種類を特定することによって規制されているはずの鉛弾の使用状況を調べるものである。猟場などをパトロールし、シカ残滓を見つけた場合には被弾部周辺の肉をサンプルとして切り取り、持ち帰った。収集したサンプルをまずレントゲン撮影し、銃弾と思われる金属陰影が確認された場合には、実際に被弾部を解剖して摘出し、その性質や形態などから金属の種類と由来の特定を試みた。

この調査で、鉛弾使用が規制されて何年も経過した近年においても、狩猟残滓の真新しい被弾部から鉛弾の破片が発見されるなど、依然として鉛弾を使用しているハンターがいることが明らかになった。

猛禽（もうきん）類の鉛中毒を水際で防ぐため、猟場のパトロールを頻繁に行い、放置されたシカ狩猟残滓（ざんし）の埋却や撤去作業も実施した。

1997年ごろまでは、多くの残滓が雪上にそのまま放置されていた。なかでも射止められた場所でそのまま解体され、ロースやもも肉など食用に適した部分のみを持ち帰って、内臓や皮、骨、そして被弾部がその場に残されるケースが目立った。また、車への積み込みが楽な林道脇や広場（土場）、解体用ナイフや手おの、ブルーシートなどを洗う河川敷や橋のたもとなどに多くのシカの死体が投棄されていた。

ハンターは通常、獲物の胃や腸の内容物から臭いが食用部分に移るのを防ぐため、獲物の内臓を射止めた後直ちに取り出す。摘出された内臓はその場に投棄されることが多かったが、多くの場合、鉛弾の破片は臓器中にも広く飛び散っているため、この内臓の投棄こそが鉛中毒をもたらす重大な原因となっていた。肉を取り除いた後のシカの死体を土中に

トラックを使った狩猟残滓の回収作業

埋めたり、猟場から持ち帰ることを心掛けている良識あるハンターですら、鉛弾が内臓にまで飛散していることを知らずに放置することが多かったとみえる。また土中にではなく、春になれば解けてしまう雪の中に残滓を埋めるハンターも多く見受けられた。ワシの鉛中毒防止への理解が少しずつ広がっていく一方で、正しい予防策の周知が大きな課題となった。

残滓の適切な処理方法が一般に広まるまでの間、ワシの生息圏に存在する鉛を少しでも減らそうと、私たちは率先して放置されたシカの死体を土中に埋め、撤去する活動を行った。大きなシカを一体丸ごと埋められるほどの穴を掘らなければならないため、時には50センチを超す積雪をよけ、コンクリートのように硬く凍結した土壌を自前のつるはしでたたき割る毎日が続いた。放置されたシカの死体が目立つ林道については、有志が所有するトラックを借用し、残滓を積み込んで行政指定の廃棄物処分場まで搬送したが、多い時には1本の林道で1日1トンにも及ぶ放置残滓を回収したこともある。

このような活動が報道などで次第に世間の知るところとなると、一般市民から「家の裏山に残滓があるから持っていってほしい」などの要請までが私たちに寄せられるようになった。無論、本来なら私たちが対応する筋合いではなかったが、狩猟残滓の放置問題を広く一般市民に理解してもらうため、このような要請に対しても可能な限り応じたのである。

「ワシ類鉛中毒ネットワーク」では、当時徐々に普及してきたインターネットを介し、正確な最新情報を構成メンバーや一般市民に向け発信していった。また活動の進捗（しんちょく）状況や成果を年次報告書「ワシ類の鉛中毒根絶を目指して」にまとめ、行政をはじめ狩猟団体や自然保護関係者にも広く配布し、学会などでも調査で得られた科学的な知見を発表した。

1998年、南アフリカで開催された猛禽（もうきん）類に関する国際学会で、私は北海道におけるワシ類の鉛中毒問題に関する発表を行った。それまで鉛ライフル弾による猛禽類の鉛中毒は世界中で知られておらず、オオワシやオジロワシといった希少種でこの弾による大量死が確認されているとの報告は、世界中の研究者に衝撃を与え、大きな反響を呼んだのである。

学会終了後、しばらく経ってから、各国の研究者からこの問題を解決する糸口となる情報が寄せられた。アメリカの研究者からの封書に入っていたのは、われわれには未知の銅製のライフル弾頭だった。野生動物が誤ってのんだとしても無毒であるとのこと。本来は

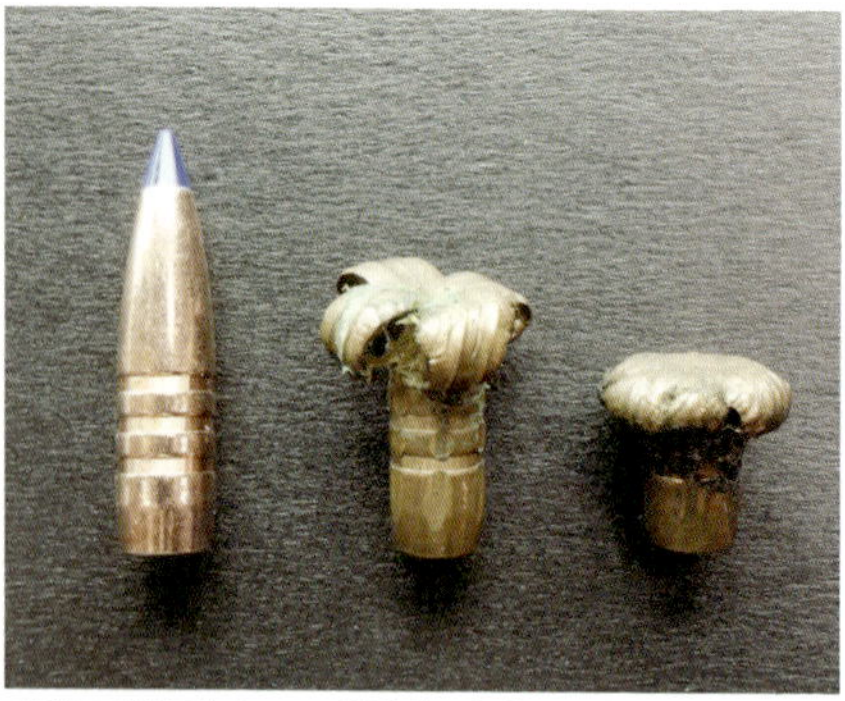

銅弾の弾頭（バーンズ社製）。左端は未使用。中央と右端は命中したシカの体内で変形したもの

大型獣を対象にした狩猟で使われることを目的として開発された強力な弾であるが、有毒な鉛を一切含まないことから環境への負荷が少ないことでも注目されているという。早速、研究者やメーカーと連絡を取り、情報を集めた。

　鉛が有毒な物質であることは、多くの人々が知っていると思う。鉛は軟らかく加工しやすいことや比重が大きく体積の割に重たいことなどから、古くから生活の中で広く使われてきた。多くのハンターにとっては射止めた獲物から肉などの収穫物を得ることができなければ意味がない。そのため、弾が当たった場所の近くで獲物が倒れることが重要だ。鉛製の銃弾は獲物に命中した際に大きく変形したり、破片が体内で飛散したりすることで動物に大きな損傷を与え、その場（もしくは近く）で射止めることができる。そのため、世界各国の狩猟で広く鉛弾が用いられてきたのだ。日本で使用されている銃弾の主流は鉛製で、その多くは外国からの輸入品であった。

　諸外国では無毒の銃弾として以前から、ライフル弾では銅やタングステン、着弾時に鉛が表面に露出しないような構造を持つフェールセーフ弾（中心部分の鉛を銅で包み込んだ弾）があり、大型獣猟用の散弾（サボット・スラグ弾）としては銅、主に水鳥猟用の散弾としては鉄などが使用されてきた。アメリカでは1991年からオオバンと水鳥猟において鉛散弾の使用が禁止され、近年では希少種カリフォルニアコンドルの生息地であるグランドキャニオンなどにおいて、地域を限定した鉛弾の規制が実施されるなど、「脱・鉛弾」は海外が先んじている。

1990年代後半の時点では、銅弾は弾頭としては入手可能であったものの、実包（弾頭、薬きょう、雷管および火薬からなる）の製品は国内ではほとんど出回っておらず、非常に高価であった。また、当時は銅弾に対して、「命中率が落ちる」あるいは「シカの体内を貫通してしまい、獲物に与えるダメージが少ない」といった考えがハンターの間に広まっており、これが銅弾の普及に大きなブレーキをかけていた。そのため、北海道猟友会の協力を得て、実際に銅弾（バーンズ社製）で野生のエゾシカ10頭を試験的に射止めてもらい、銅弾が狩猟に有用であるか否かの検証を実施した。その結果、銅弾は命中率・威力ともに鉛弾と何ら遜色なく、鉛弾の代替品としてエゾシカ猟に使えることが分かった。それを受け私たちは、銅弾を鉛弾の代替として行政や狩猟団体に推奨していくことにした。

またイギリスの臨床医からは、敏速に血液中の鉛濃度を測定できる臨床機器の紹介があった。アメリカ製のこの機械は私たちにとっては高価であったが、3分間で結果を知ることができることから、鉛中毒症の治療に必要な血中鉛濃度のモニタリングにはうってつけだった。輸入に際していろいろな規制があり入手に大変苦労したが、どうにか導入することに成功し、現在でも鉛中毒治療の最前線で活躍している。

あるハンターとの出会い

一般市民に対しては、公開シンポジウムやフォーラム、講演会を道内各所で開催し、主に国内の関係者らと、鉛中毒の根絶に向けた情報交換を行った。

ハンターの清水聡氏。シカ猟での銅弾の有効性を実証してくれた

忘れることができない講演会がある。オオワシやオジロワシの鉛中毒が問題として認識され始めた1990年代終わり、財団法人日本野鳥の会の依頼で釧路管内鶴居村のサンクチュアリで講演を行った。話し始めてしばらくたったころ、1人のハンターが会場に入ってきた。狩猟の帰りとみえて、オレンジ色のハンター服にハンター帽、手には猟銃のケースを携えている。さすがに焦った。当時、野鳥の鉛中毒問題を取り上げるメディア各社は、自然愛好家対ハンターという構図を描き、世間

に発信することが多かったのだ。野生動物の命を奪い、鉛弾による環境汚染によって希少なワシまでも絶滅の縁に追いやっているという、ハンターを悪役扱いした〝シナリオ〟は、表現としては分かりやすい一方、ハンターとわれわれとの溝をますます深くしていった。

そんな中、見方によってはハンターを責めているとも受け取られかねない内容の講演会に、非難の的である人物が堂々と乗り込んできたのだ。ましてや、自然保護団体の主催の会合のために聴衆のほとんどがバードウオッチャー。まさに、「飛んで火に入る夏の虫」のような状態だ。集まりをぶち壊しに来たのだろうか。内心、心穏やかでなかったが、平静を装いそのまま講演を進めた。

予想外、そして幸いなことに何ごともなく会は終了した。荷物をまとめ、そのまま帰ろうとするそのハンターを私は急いで呼び止めた。自分が非難されるかもしれないのを承知で、会場に足を運んでくれた彼の行動がとても不思議に思えたのだ。参加してくれたことにお礼を言うとともに、彼の真意を尋ねてみた。

思わぬ言葉が返ってきた。彼は狩猟を行っている際に、オオワシやオジロワシがエゾシカの残滓（ざんし）に群がって食べている様子を何度も目撃しており、衰弱しているワシにもたびたび遭遇しているという。その原因が鉛のライフル弾であることをメディアを通じて知り、自ら高価なリローディングマシン（弾頭を替える際に必要な機械）を購入し、鉛から銅に弾頭をすげ替えて、すでにエゾシカ猟で使っているのだという。

以前、海外に住んでいたころ、ハンターは自然や野生動物のことをよく知るナチュラリストであるというイメージを持っていた。しかしながら、学生時代に水鳥の鉛中毒問題に取り組み、その後道内で猛禽（もうきん）類の鉛中毒に関わり始めるうち、いつの間にかハンターに対して反自然保護的な印象を持っていた自分に気が付いた。講演会に来たハンター清水聡氏は私と同年代で、年配が多い道東のハンターの中では若手であった。ハンターが自らの意思でこの問題を真正面から捉え、自主的に改善策に取り組んできたことを知り、ハンターに対して抱いていた負の先入観が、まさに目からうろこが落ちるように払拭されてゆくのを感じた。その後、彼は無毒の銅弾をいち早く使い始めたハンターとして、さらなる経験と実績を独自に積み、日本のハンターの間では貫通性が高くシカ猟には不適であるとされていた銅弾が、使い方さえ間違えなければ立派に目的を果たせることを証明してくれたのである。

一方、狩猟の経験が豊かなハンターたちの中には新しい銃弾をすんなりと受け入れることに抵抗を感じる人もいたようである。自宅や職場には、達筆でしたためられた脅迫めいた手紙やはがきが舞い込むようになった。これ以上ハンターを悪人扱いするなら身の安全を保証しないという内容の電話も多く受けた。しかしながら、鉛中毒問題の根源が、狩猟行為やハンターそのものではなく、有毒の鉛弾であることが世間の知るところとなるに連れ、これらの反応は徐々に少なくなっていった。

小学校、中学校での出前授業もたくさん行った。道東の自然や野生動物に関する内容が多かったが、オオワシやオジロワシの鉛中毒の現状や原因、解決方法などについても、地元に密着した話題だったからこそ積極的に取り上げた。児童生徒や教員は、この問題の深刻さをしっかりと理解し、自分たちにも何かできることはないかと真剣に考えてくれた。そんな中、ある日一本の電話がかかってきた。電話の主は、ハンターだと名乗る男性。今日もまた鉛中毒問題に関するクレームかと身構えた。すると彼は想定外の質問をしてきたのである。「先生、この前〇〇小学校の授業でワシの鉛中毒の話したよね。うちの息子が、『父ちゃん、鉛の弾なんて使ってないよね』って聞くんだよ……。そんなもの使ってないよって言うしかないじゃないか。無毒の弾って何さ、教えてくれよ」。少しずつではあるが、世の中が動き始めたのを肌で感じた。

行政の対応と続いた症例

多発するワシの鉛中毒に対し、北海道は鳥獣保護法に基づく告示という形で２０００年度の猟期からようやくエゾシカ猟における鉛ライフル弾の使用規制を開始し、翌２００１年度にはシカ猟用鉛散弾の規制に踏み切った。２００３年度には、狩猟によって発生する獲物の死体を放棄する行為についても規制が加えられ、さらに２００４年度からはヒグマ猟を含むすべての大型獣の狩猟を対象に道内で鉛弾が使用禁止となった。

しかしこれはあくまでも道内に限った規制であり、全国的にみると水鳥猟用の鉛散弾の地域を限定したもの以外、法的な規制は現在も存在しない。北海道には毎年道外から多くのハンターが訪れる。北海道を一歩離れると鉛弾での狩猟が許されている状況では、ほんの短期間だけ北海道で狩猟を行う道外在住のハンターが、果たして使い慣れた銃弾をわざわざ無毒弾に切り替えてエゾシカを撃っているのか、きちんと確かめるすべはない。

猛禽類の鉛中毒が問題になりはじめたころから、その発生源となる放置残滓を減らす試みとして、鉛中毒が多発していた道東地域の市町村は、猟場各所に「残滓回収ステーション」を設けてハンターに運び込みを呼びかけた。週末や休日の後には回収ボックスがあふれ、天井部にまで残滓が山積みされているステーションも現れたが、投棄された狩猟残滓が猟場からなくなるには至らなかった。また、猟期が終了した後も多くの地域で、引き続きエゾシカの有害鳥獣捕獲が行われたが、多くの残滓回収ボックスは猟期の終了とともに撤去されてしまい、この期間に駆除されたシカの死体をボックス内に捨てることができない状態であった。

有害鳥獣捕獲においては、ハンターあるいは恩恵を受けた農業者らが自ら残滓処理を行うことになっているものの、実際にはその処理に苦慮している実態もあった。また、鉛弾の使用規制開始に合わせ、残滓回収ステーション設置を打ち切る市町村が増えた。規制により残滓に鉛が含まれる恐れがなくなったからという理由のほかに、道からの補助金が打ち切られた事情があったという。鉛弾規制にもかかわらず依然として猛禽類の鉛中毒が発生している現状を考えるに、これを予防するために引き続きあらゆる手を尽くす必要があった。

ワシの鉛中毒が初めて確認された当初は、道東地域、特に旧釧路支庁（現釧路総合振興局）管内での発生が多くを占めていた。しかしながら、２００１年度を境に釧路地方での確認件数に減少傾向が見られるようになったのと裏腹に、それまで鉛中毒がほとんど報告

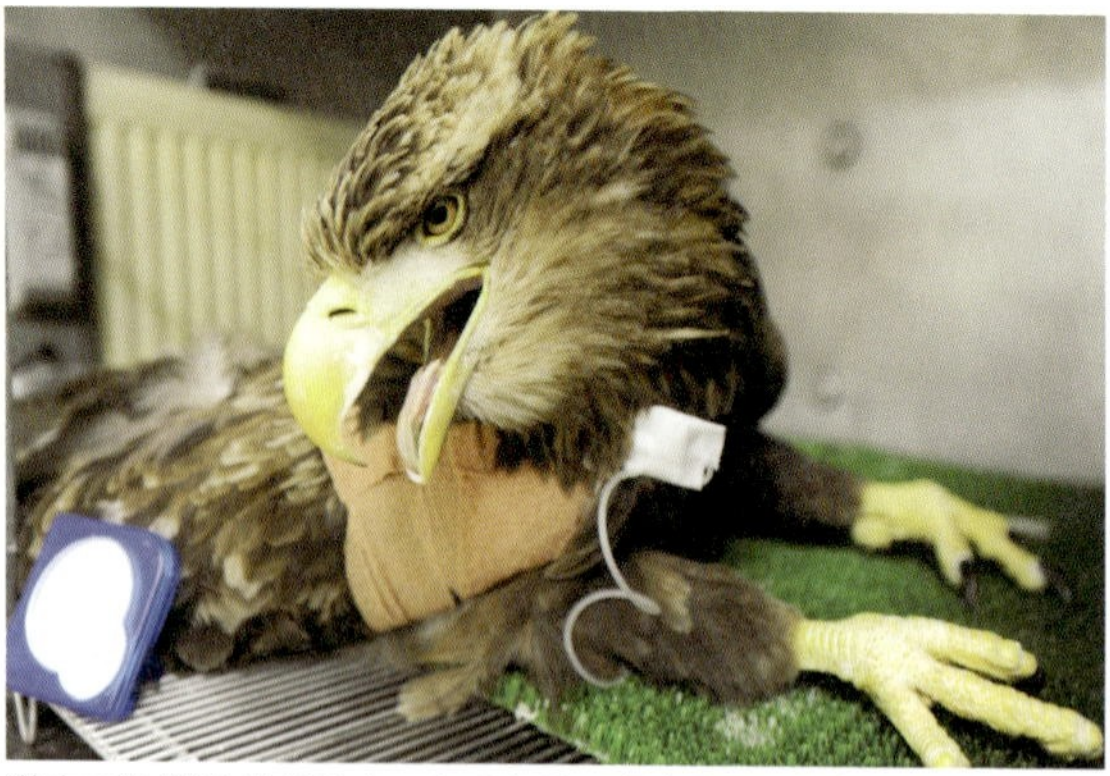

道内で鉛弾規制が始まって10年目に収容された鉛中毒のオジロワシ（2010年撮影）。点滴により解毒剤を投与したが数日後に死亡した

鉛弾が規制されているにも関わらず鉛中毒を発症したオオワシ（2012年撮影）

されていなかった道北の上川地方や道南の胆振、日高地方などで新たに鉛中毒の発生が確認された。これはエゾシカの分布拡大に伴って北海道西部でもシカ猟が盛んになってきたことを反映しているものと考えられた。また、道東ではすでに地元のハンターの鉛汚染に対する意識が高くなったことに加え、市町村レベルで残滓回収が行われていたのに比べ、他の地域ではこれらの対策がほとんど進んでいなかったという理由も考えられた。

放置残滓の問題がマスコミなどによって一般市民の知るところとなり、行政や猟友会も捕獲した死体の処分を義務付けるようになってからは、猟場に残される残滓は確かに少なくなったように見受けられた。しかしその一方で、残滓が人目につかないよう、橋から投げ捨てたり、林道を通る土管の中に隠したりする悪質なケースも目立つようになった。

さらに、オオワシやオジロワシがシカの死体を餌として頻繁に利用している状況が依然変わっていないことも次第に分かってきた。ここ数年、ワシ類の列車事故が多発しているが、被害個体の嗉嚢（そのう）や胃から多量のシカ肉が検出されている。詳しくは後述するが、エゾシカの轢死（れきし）体を食べるために線路上に誘引されたワシが二次的被害に遭っている。冬季の餌資源として、シカの死体への依存度が引き続き高い現状では、被弾したものの回収されなかったシカも潜在的な鉛汚染源になっており、そのシカが猟期後に別の原因で死亡した場合には、時期を問わず猛禽類に鉛中毒を発生させる原因となるのだ。

エゾシカ猟で鉛弾の使用が禁止された2000年春から2014年春までに、75羽のオオワシと38羽のオジロワシが高濃度の鉛に汚染された生体や死体として野生生物保護センターに搬入されており、実際はこの何倍もの猛禽類（もうきん）がいまだに深刻な鉛被害に遭っていると考えられる。これを裏付けるかのように、2014年2月下旬と3月初旬には、釧路管内厚岸町とオホーツク管内滝上町から、衰弱したオジロワシ2羽がたて続けにセンターに運び込まれ、血液中の鉛濃度を測ったところ検査機器の計測限界を超える高い値を示した。

重度の鉛中毒症と診断し、直ちに点滴などで解毒剤を投与したが、残念ながら2羽とも数日後に死亡した。この症例でも死んだワシの胃からエゾシカの体毛と鉛片が発見された。鉛弾の規制が開始されてから既に14年もたつが、いまだに鉛弾を使用している悪質なハンターが存在していることが裏付けられた。前述のように道外から北海道にシカ猟に来るハンターが、鉛弾を持ち込んで使用している可能性も否定できない。

海外からも注目が

日本において多発した鉛弾による希少猛禽類の鉛中毒の発生や、これに対する取り組みは、世界各国からも注目されている。アメリカの有名な自然保護団体の一つであるハヤブサ基金（The Peregrine Fund）は２００８年、アイダホ州において鉛弾による猛禽類の鉛中毒に関する国際シンポジウムを開催した。アメリカでは国鳥であるハクトウワシ（*Haliaeetus leucocephalus*）や絶滅の危機にひんしたカリフォルニアコンドル（*Gymnogyps californianus*）で鉛弾による鉛中毒が発生し、問題になっている。

会合には欧米を中心に多くの研究者が参加し、さまざまな事例報告が行われた。私もゲストスピーカーとして講演を行い、北海道における事例を発表した。鉛ライフル弾が原因

2008年5月、アメリカ合衆国のアイダホ州で開催された猛禽類の鉛中毒に関する初めての国際シンポジウムで講演する筆者。数多くの希少種が犠牲となっている日本の悪しき事例の報告は、世界中に衝撃を与えた

であることにいち早く気付き、状況を改善しようと取り組んだ積極的な市民運動について多くの参加者から称賛を浴びる一方、結果的にオオワシやオジロワシの大量死を引き起こし、さらに行政の不十分な鉛弾規制によって確認から何年も経過しているにもかかわらずいまだ根絶には至っていない現実に不満の声も聞かれ、大変肩身の狭い思いをした。

さらに翌2009年、同様のシンポジウムがドイツのベルリンで開催された。ドイツでは日本と同じように、オジロワシの鉛中毒が多発しており、近年鉛弾の規制に向けた取り組みが活発化している。私は前年同様の事例を発表し、被害に遭っている動物が同一種であるという観点から、北海道での悪しき先駆事例に対して、行政や狩猟団体から大きな関心が寄せられた。また民間活動として行ってきた私たちの活動を参考にして、官民が協力し合いながら善処していくとの決議文書が採択された。

２０１３年10月にはアメリカのカリフォルニア州で狩猟時に鉛弾の使用を禁止する法案が成立した（２０１９年７月発効予定）。「人の健康と環境に重大な脅威となる鉛弾を狩猟時に使用し続ける理由が無い」とは起案議員の弁。鉛中毒の防止を目的とした鉛弾規制は今や世界的な流れになりつつある。

オオワシやオジロワシの多くは、冬鳥として極東ロシア各地からサハリンを経由して北海道に渡来する。このため道内のハンターの中には、サハリンなどでワシ類が鉛弾を口にし、北海道に渡ってきてから鉛中毒を発症している可能性が高いと主張し、道内での鉛弾規制に異を唱える人がいる。われわれはこれまでロシアの行政当局や研究者などと、狩猟状況や野鳥の鉛中毒に関する情報交換を行ってきた。サハリン州森林特別保護自然地域局のアンドレイ・ズドリコフ部長などによると、サハリンのハンター人口は約２万人。５月と、８月末から11月まで、水鳥や小型の毛皮獣、クマなどの銃猟が有料で行われ、射止めた獲物は通常丸ごと持ち帰られているとのことであった。また、一般的に狩猟では鉛弾が使用されているものの、サハリンには本来大型のシカは生息しておらず、北部に野生化したトナカイ（家畜として移入されたもの）が少数見られるが、これらの狩猟は禁止されているとのことである。

オオワシはロシア極東の沿岸地域で繁殖しているが、多くの営巣地は人がほとんど立ち入ることのない湿地帯や岩礁帯である。また、ロシアにいる季節はワシは繁殖期で、広い地域に分散して生活しており、越冬のため飛来する日本でのように限られた餌を求め狭い範囲に過剰に集結することはない。さらにロシアでの猟期はワシの餌が豊富な時期に当たり、また狩猟残滓(ざんし)が発生した場合でも、気温が低く長期間保存される可能性がある厳冬期の北海道とは異なり、比較的短時間のうちに腐敗したり昆虫などに食べられ消え去ってしまうと思われる。

これらのことから、ロシアで使われた鉛弾が、北海道で多発しているワシなどの鉛中毒の主な原因になっている可能性は極めて低いといえる。

他の猛禽類への影響

シカ猟は全国各地で行われており、海ワシ類よりも分布域が広いイヌワシやクマタカなどの猛禽(もうきん)類も鉛の被害に遭っていると考えられる。しかし、これらの種は、比較的狭い範囲に何千羽もの個体が越冬する北海道の海ワシ類と違い、少数が分散して山岳・森林地帯

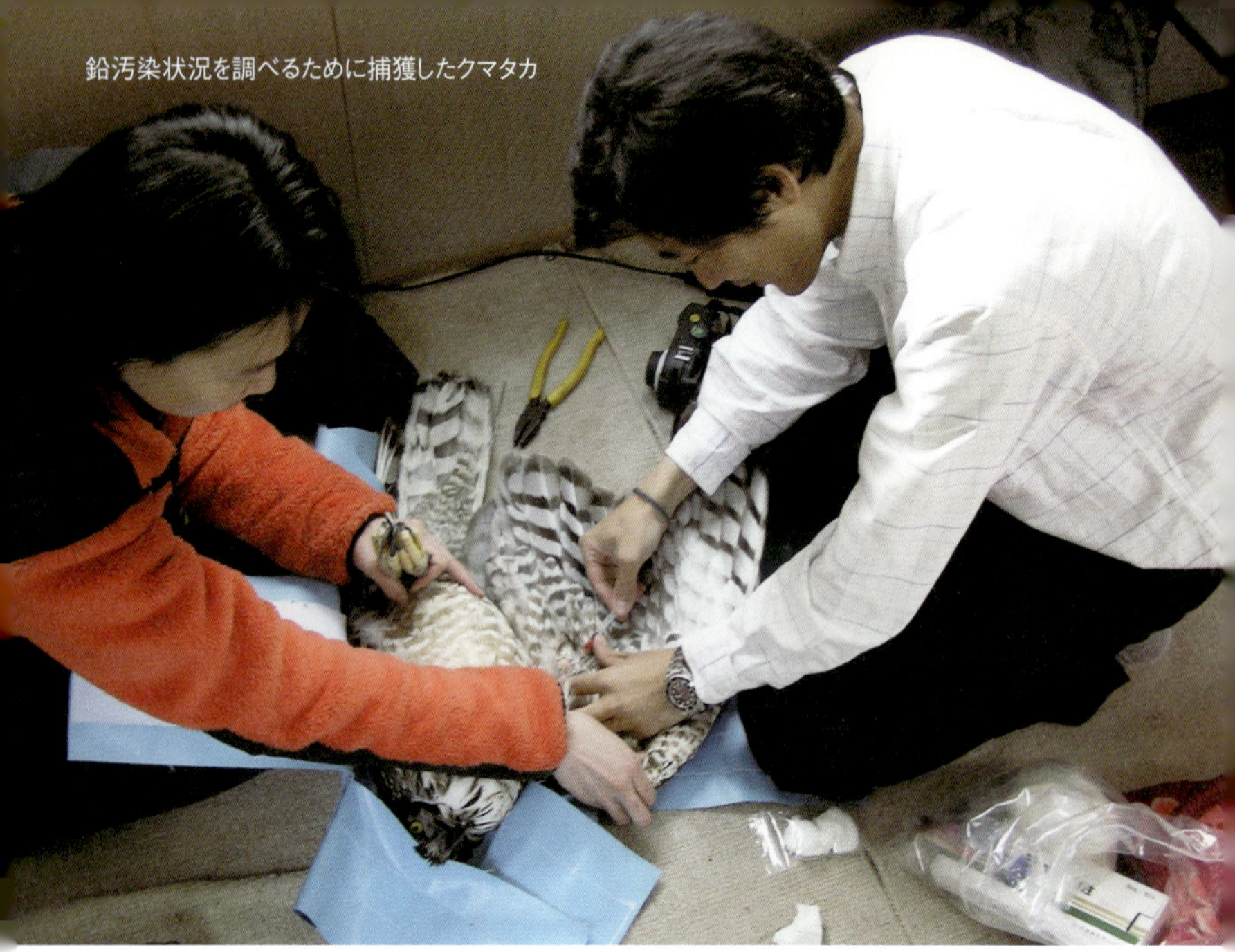
鉛汚染状況を調べるために捕獲したクマタカ

に生息している。そのため、被害個体や死体を発見することはまれで、これらの種への影響を証明することは極めて困難だ。ワシ以外の猛禽類における鉛中毒の発生状況なども全国規模で精査し、鉛禍の現状を正確に把握することは、この問題を全国規模で効果的かつ敏速に解決するためにはとても重要だと思う。

２００３年と２００４年冬、北海道東部の釧路市阿寒町の山林で外見上健康なクマタカを捕獲し、血液中の鉛濃度を測定する調査を行った。最初の年に４羽、翌年には７羽のクマタカを捕獲し調べたところ、このうち２羽は血液中の鉛濃度が中毒量に相当する０・６ｐｐｍを上回り、また別の６羽でも高濃度の鉛に汚染されていることが明らかになったの

シカ肉を食べるクマタカ

である。

　これらのクマタカは直ちに野生生物保護センターに運ばれて治療が施され、最終的に血液中の鉛濃度が低い値で安定するのを確認した上で、標識用の足環（あしわ）と追跡用の小型発信機を装着して捕獲地近くに野生復帰させた。しかしながら、放鳥から数日後に個体が再度エゾシカの残滓（ざんし）を食べた例が追跡調査で確認され、クマタカのシカ死体への依存度が極めて高いことがあらためて明らかになった。また、高濃度の鉛汚染が確認されたため治療し放鳥した幼鳥が、翌年再び鉛を摂取して中毒死したことが分かった。さらに、鉛中毒状態で捕獲された亜成鳥1羽も、治療・放鳥してからわずか3カ月後に鉛中毒死体として回収された例もあった。

このように、北海道に生息するクマタカの間で鉛汚染が予想以上にまん延していることや、一見健康と思われるクマタカも実際は極めて高い確率で鉛による影響を受けていることが明らかになった。体内に取り込まれた鉛は個体の死亡率を上昇させるだけにとどまらない。エゾシカの猟期中に鉛を食べ、体調を崩したクマタカが正常な繁殖行動を開始できるかどうかは非常に疑問だ。鉛は自然界への個体の供給にブレーキをかけてしまうことも予想され、死亡率の上昇とともに短期間のうちに個体数を減少させる要因になりかねない。

発信機を用いた追跡調査では、クマタカの幼鳥や亜成鳥が短期間のうちに100キロ以上も移動するケースがたびたび観察され、定着性の高い繁殖個体の生息圏から鉛を排除するだけでは、この種の鉛中毒を防ぐことが困難なことも分かってきた。クマタカは北海道以外にも広く分布しており、その生息環境内で鉛弾が使用されている場合、人知れず鉛中毒になっている危険性が極めて高い。鉛ライフル弾などを被弾した動物の未回収死体や狩猟残滓を好んで食べることに加え、水鳥やエゾライチョウ、キツネなど（本州ではキジやヤマドリも）、鉛散弾によって狩猟が行われている鳥獣も捕食する可能性があるからだ。

水鳥猟用の鉛散弾で撃たれたり、消化を助ける小石と間違えて鉛散弾をのみ込んだりしたカモなどをワシが食べ、二次的な鉛中毒を起こす事例は、ライフル弾や大型獣用の散弾による鉛中毒よりも前から知られていた。しかしその対策については、状況がほとんど改善されていない。水鳥猟用の鉛散弾は現在、「水鳥の」鉛中毒を防止するためにある特定の地域においてのみ使用の規制がされており、渡りなど広範囲を移動しながら生活するカモ類が、鉛散弾が規制されていない地域で鉛を摂取することは防ぎようがない。また、北海道では、オオワシやオジロワシと水鳥の生息域が重なっている場所が多く、鉛に汚染された水鳥をワシが捕食する危険性は極めて高い。実際に被害が報告されている猛禽類や水鳥における鉛中毒の実態を、継続的かつ正確にモニタリングしていくことが重要だ。

銃弾による野生鳥類の鉛中毒を根絶するためには、全国規模で全ての狩猟から鉛弾を撤廃し、無毒の銅弾などに移行すること以外に根本的な対策はない。現在の鉛弾規制が使用の禁止にとどまり、流通（販売や購入）、所有については何も制限がされていないこと、現行犯以外での取り締まりが極めて困難であることなどが、この問題を長引かせている大きな要因になっていると言える。厳冬期の山林において、問題の解決につながる完璧な取り締まりを行うことなどは極めて非現実的だ。しかしながら、せめてハンターが獲物を解体している現場で、警察が抜き打ち的に被弾部のシカ肉を採取し、肉に含まれる鉛の有無を確認してくれれば、確信犯的な鉛弾の使用は減らすことが可能だろう。

また、鉛弾の規制が順守されていない現状を打破するために、鉛弾をカスミ網と同様の扱いにし、流通や所持も規制してはどうか。いまだに野生鳥類の鉛中毒がなくならない北海道においては、狩猟を目的とした鉛弾の道内への持ち込みを条例などで厳しく規制し、空港や港湾などで水際の取り締まりを強化することも大変有意義だと思われる。２０１４年10月、北海道は新たに策定した「北海道エゾシカ対策推進条例」を施行した。その中に、エゾシカ猟時の鉛弾の所持禁止をうたった項目があり（違反すると3月以下の懲役、または30万円以下の罰金）、猛禽類の鉛中毒防止に一定の効果が期待できる。それでも、鉛中毒を根絶する唯一の根本策は、全ての狩猟からの鉛弾撤廃であることには変わりない。残存する鉛弾や鉛に汚染された肉がジビエ料理を介して人にも健康被害を及ぼす可能性も否定できないことから、One Healthの観点から予防原則に基づき、全国の狩猟から鉛弾を撤廃し（使用、流通、所有の規制）、無毒な代替弾（銅弾やスチール弾など）への移行を促進することが急務である。まずは大きな実害がある北海道から鉛弾を一掃することが、全国的な鉛規制実現に向けたモデルケースとなりうる。行政、ハンターそして一般市民の協力のもと、鉛中毒の根絶が一刻も早く実現されるよう、引き続き活動を続けていきたい。

（注）２０１９年10月1日、環境省は全国の狩猟からの鉛弾を撤廃する検討を始め、２０２１年度に鳥獣保護法の基本方針を改定する際に、非鉛弾への切り替えを目指すと表明した。

＊治療室から＊

国境越え鉛中毒症対策

２００９年、環境省主催の「日ロオオワシ共同調査」の一環として、オオワシの生息地であるロシア・サハリン州から獣医師らを招き、１週間にわたって猛禽類の鉛中毒に関する専門的な実習を実施した。受講したのは、サハリン動植物公園の獣医師と副園長の２人。同園では現在３羽のオオワシが飼育されているが、いずれも事故で収容され、重度の後遺症が残っているため野生復帰させられないとのことだ。

北海道で多発しているワシの鉛中毒症は、国内外を問わず発生する可能性がある。投棄されたシカの死体をワシが食べ、肉の中に含まれる鉛弾をのみ込んだ場合、越冬地北海道のみならず、渡りの途中や繁殖地ロシアに戻ってから体調が悪化することが当然あり得るのだ。

実習では、鉛中毒症の主な症状、病理解剖時に観察される所見、基礎的な治療方法に関する講義や実習を行った。大型猛禽類の検査や治療を安全に実施するためには、適切な取り扱い方法の習得が欠かせない。動物や人間がけがをし

オオワシの安全な取り扱い方法を学ぶサハリン動植物公園の副園長(当時＝右)と獣医師

ないことはもちろんのこと、相手に不必要なストレスを与えないことも重要だ。今回は捕獲、麻酔をかけ動けなくすること、基礎的な検査や治療、そしてリハビリテーションに至るまでの一連の作業を体験してもらった。

国境を越えて渡るオオワシを守るためには、この種が直面しているさまざまな問題に対する共通認識を日ロ双方が持つことが重要だ。両国の専門家が直接顔を合わせ、それぞれの国の現状や問題点を情報交換し、保護に向けたさらなる試みや協力体制を議論することは、希少な野生動物をグローバルな視点で保護していくためには非常に重要なことだ。

3章　人間界との軋轢

事故予防と専門家との連携

釧路湿原野生生物保護センターには生体だけでなく、その数をはるかに上回る死体も収容されている。負傷や疾病、死亡原因の究明は、けがや病気の鳥の診察や死体の病理学的検査によって行っている（環境省委託事業）。外敵からの捕食によるひなの死亡や感染症などによる自然死も確認されているが、収容原因の多くは事故や中毒であり、そのほとんどが何らかの形で人間生活が関与しているものだ。密猟など、動物に直接的な危害が加えられるもの以外に、交通事故や感電などの事故、さらには生息地の破壊や汚染がもたらす餌不足による栄養性疾患など、間接的でその弊害が時間をおいて現れる事例も多く確認されている。

猛禽類（もうきん）の事故は、その特徴的な生態と深い関わりがある。例えば、猛禽類は監視や餌探しのために見晴らしの良い高い場所をよく利用する習性があるため、感電する恐れのある送電鉄塔や配電柱に積極的に止まろうとする。また、餌を捕りやすい場所に依存しやすい習性から、開けた道路や養魚場に頻繁に飛んで来て、車と衝突したり網に絡まるという事故に遭っている。さらに、移動経路として車道や線路、河川の上空を好むほか、帆翔（羽ばたかずグライダーのように飛ぶこと）の際に利用する上昇気流が発生しやすい場所、すなわち大気が温まりやすい高速道路や駐車場の上空、強風が頻発する風力発電施設の周辺など、危険な場所に集まってくる。猛禽ならではの習性が事故を誘発する大きな原因となっているのである。

自然界では、長期にわたる環境の変化への適応や食物連鎖、一般的な感染症など、自然の法則にのっとった弱者の淘汰ははるか昔から繰り広げられてきた。しかしながら、人間活動がもたらす大規模な環境の変化や事故、中毒などは短期間のうちに野生生物に大量死をもたらす危険がある。少なくとも人間が野生生物にもたらしている軋轢は、人間が責任を持って排除すべきであり、けがや病気の野生鳥獣の救護活動はこれが達成されるまでの対症療法的な〝補償〟であると私は考えている。

野生生物に与えているさまざまな人的影響のうち、種類も多く大きな割合を占めているのが事故である。これらを未然に防ぐためには、被害に遭った個体を詳しく調べることで発生の状況を推察し、その原因や誘発要因を取り除く、いわゆる「事故の元栓を閉める」

という考え方が極めて重要だ。

けがや病気の野生動物は、バランスが崩れた自然界の姿を私たちに伝えに来てくれるメッセンジャーだ。救護活動はいち早くその情報を入手することができる数少ないチャンスなのである。変わりゆく自然の中、時には人間が作り出したものを取り入れて命をつなぐ野生動物たちは、その代償として事故や中毒に遭っている。徐々に進行する環境の変化などとは異なり、事故はごく短期間の間に大量死をもたらす危険性がある。一方、多くの事故に人間が関与しているが故に、至った経緯や誘発原因が明らかになった場合には、速やかに対処することによって発生件数を短期間のうちに減少させることができるとも言える。

救護活動を行うに当たって重要なのは、単にけがや病気の野生動物を治療することにとどまってはならないことだ。野生動物が自らの命や痛みと引き換えに、私たちに伝えてくるさまざまなメッセージを丁寧に読み解き、国民や行政に分かりやすく通訳することが大切だ。このような活動を積み重ねることが、国民一人一人が野生動物とともに生きていることを自覚し、人間社会がつくり出している彼らへの軋轢を責任持って排除する「環境治療」に、おのおのができる範囲で取り組むきっかけを与えることになると確信している。

けがや病気の野生動物の治療のみならず、彼らの生息環境を健全なものにすることが、人間と野生動物の共生に向けた最も重要な課題である。両者の間に生じているさまざまな軋轢（あつれき）のうち、多くはエネルギー問題や交通に関するものだ。両方とも私たち人間の生活に直結し、なくてはならないものである。私自身、化石燃料や水力、風力、そして原子力からもたらされる電気を日常的に使い、自然環境に少なからずダメージを与えて造った道路や線路の上を移動している。このことを棚に上げて野生動物や自然の保護について論じるつもりはさらさらない。

人間生活を営む上で環境に与えてしまっている負荷を謙虚に受け止め、そこで生活している野生動物との共生を目指して、今自分たちに何ができるかを真剣に考えることがとても重要だ。このような考えのもと、人間の生活を豊かなものにするためにさまざまな環境の改変を行っている企業などに対して、どのようにすれば双方の目的を両立して達成できるのか、可能な限り膝を交えて議論するよう努力している。野生動物や自然の保護を盾にして反目し合うのではなく、相手の立場や能力をその道の専門家として尊重し、同じ目標に向かう自分たちの仲間として位置づけることが目標に少しでも近づくための秘訣（ひけつ）だと感じている。

立場や考えの違う相手との間に何か問題が生じた場合、お互いの意見をぶつけ合って折衷案を見いだすことが実社会ではよく行われている。しかし互いが本心から納得し、双方に利のある解決策を見いだすためには、より良い方法があると思っている。両者間に存在する軋轢を、それぞれの立場から「改善すべき問題」として位置づけられれば、その問題を解決するために同じ方向を向いて進むことができる。言うなれば、反目し合っていた相手に自分の隣に座ってもらい、両者の間にあった問題点を共通の課題として解決を目指すことで、両者にとって利のある結果を最短で得ることができるのである。

大型猛禽（もうきん）類の感電事故が多発している現状を改善するため、私はこの考えのもとで電気事業者と議論を深めていった。電気事業者に対しては、まず事故が多発している現状と被害を減らす必要性を具体的なデータをもとに説明した。その上で、停電の予防につながることに着目し対策への協力をお願いした。オオワシやオジロワシなどが数多く渡来する冬季の停電事故は、電力会社にとって特に避けなければならない課題の一つであるが、これらの一部は、猛禽が送配電柱上で感電することで起こっているものだった。議論の末、大型猛禽類の感電事故に起因する停電を防ぐという、双方に利がある目標を立て、それを目指すこととした。

具体的な予防策を提示

事故の再発を防止するためには、本当に効果がある対策を優先順位を付けて施さなければならない。猛禽類医学研究所は、野生生物保護センターで後遺症などで野生に返ることができない猛禽類を使って、さまざまな事故に対する検証実験や効果的な対策の研究を行っている。感電事故の対策としても、実際に被害に遭っているワシなどを対象に送電設備への止まり行動の再現実験や、危険な箇所に設置するための止まり防止器具の開発などの試みがなされている。

その一環として、北海道電力に本物の送電設備の一部をオオワシやオジロワシを飼育している大型のケージ内に設置してもらっている。猛禽類がどのような状況や姿勢で止まって感電しているのかを再現し、さらに危険な場所に止まらせないためにはどのような器具が必要であるかを検証するためだ。得られた情報を基に、実際に感電被害に遭っている種に対して効果のある止まり防止器具を開発している。10年以上にわたって、いくつもの試作品を作っては、猛禽類を飼育しているケージの止まり木などに取り付け、その効果を繰り返し検証しているのだ。効果が認められたものに関しては、可能な限り野外の送電鉄塔や配電柱などに設置し感電事故に対する安全対策を進めてもらっているが、実際に器具が設置された箇所はすでに数百カ所、数は千数百個に及んでいる。

野生動物のけがや病気の原因の中で非常に大きな割合を占める人的影響を減らすためには、多くの事業体や個人の協力を得る必要がある。しかしながら、原因や解決のための手段が分かっている場合でも、状況の改善が速やかに行われず、同様の事故などが長年にわたって再発している例もある。それらの多くの場面では、自然愛好家や研究者と開発に関わる事業者が反目し合い、いつまでたっても策が講じられない事例が目立つ。事業者に対して具体的な提案をしないまま状況の改善を求めたり、極論的な解決策を示しては、かえって問題ある状況を長引かせることとなる。

人的影響による事故への対応については、まず同じ場所で同様の事故を発生させないための対症治療と、原因の根源を今後事故が発生する恐れのある場所で絶つ根治治療や予防を行うべきであり、動物の側に立つ人間は効果のある具体的な方法を提案することが、状況の早期改善には必要である。「何か有効な対策を講じてほしい」などの具体性に欠ける提案や、状況を問わず「周辺の電線を全て埋設してほしい」などのやや極論に近い提案をすることは必ずしも最善とはいえない。

一方で、「効果が立証された対策」が少なく、人間の主観や想像から「効果が期待される」対策が多くの場所で採用されているのも事実である。当研究所では長年感電防止対策に用いる器具や交通事故対策になり得る方法を、野生復帰が困難になってしまった飼育鳥を被験者にして開発し、実際に多くの事故現場で実地検証を兼ねてその効果を確かめている。実際に被害に遭っている種の協力を得て、さまざまな事故の種類や発生パターンに応じた対策を開発し、屋内外で検証することは極めて重要だ。

もちろん、実際の道路や電柱などに開発したものを取り付け、事故対策を施しながら検証することは、事業者の協力なくしては実現できない。異分野の専門家がスクラムを組んで対策に取り組むことは、現場での対応のみならず、有効な対策を模索する上でも非常に重要なのである。

これらの事故対策に関する活動においても、私は獣医師として獣医学の知識や技術を最大限生かすことをモットーにしている。例えば感電死してしまった個体について、病理解剖によって電気の出入りした箇所や体内での流れを調べ、感電事故を起こした際の姿勢や電気設備の危険な箇所を明らかにする。さらに栄養状態や消化管内容物などを調査し、症例ごとに現場検証を行うことで、感電事故を誘発した要因や防止対策が必要とされる範囲などを把握することができるのだ。これらの情報をもとに、少なくとも過去に感電事故が発生した場所については都度必要な対策を講じ、同じ場所で同様の事故を繰り返させないための努力をしている。

また、一つの事故から得た情報をもとに、今後事故が起こる恐れのある場所を見つけ出し、先手を打って環境の改善を行うことが重要だ。感電事故に遭った個体が通電箇所に触れた際、金属の表面にアーク痕と呼ばれる跡が残る。解剖結果などから鳥が感電したと考えられる箇所の近くに、このアーク痕が残っていないかを電気事業者に調べてもらうことによって、事故発生時の状況を別の観点からも裏付けることができる。

このように動物の専門家である獣医師と、特定の専門知識を持つ事業者が、それぞれの立場から協力することによって得られるものは非常に大きいが、これは異なった分野の専門家が互いに尊重し合うことで初めて成立する。ただし、このような理想的な状況になるまでには多くの時間を費やさなければならないことが多いのも確かで、現在私と電気事業者の間にある良好な協力関係も、10年以上の歳月をかけて信頼関係を培ってきた末の結果である。

事業者の協力を得ながら環境の改善を行っていく上で、ある程度専門外の知識をもって話し合いに臨むことは、相手の話や立場を理解しながら議論する上でとても重要だ。しかしながら、野生動物との軋轢(あつれき)が生じている人間活動の分野は非常に広い。これは直接的な被害が大きいエネルギー開発や道路・交通事業以外にも、林業や農業、さらには観光やレジャーにまで及び、野生動物に与えている影響が多岐にわたっていることにあらためて気付かされる。さらに銃弾による鉛中毒などの症例については、狩猟や猟具などに関する極めて特殊な知識までも持ち合わせる必要があるのだ。もちろん、これら全ての項目に対して、いくら付け焼き刃的な知識を増やそうと努力を重ねても、知見や経験などの面から到底その分野の専門家に追いつけるはずがない。このため私たちの活動や考え方を理解し、また私たちに足りない知識を補ってくれたり、教えてくれる協力者を得ることがとても重要になる。

長年、野生動物との共生を模索する中で、私も獣医学とは全く関係ない分野の知識を極力仕入れるよう努力してきた。少なからず自分自身の知識スキルを上げることによって、初めて異分野の専門家たちと有意義な話し合いをすることができると思っているからだ。獣医師という立ち位置をしっかりと見据え背骨としながらも、他の専門家を尊重してコラボレートし、一つの目標に向かうことが最も効率よく確かであると痛感している。オール北海道、オールジャパンで野生動物との共生という難問と向かい合い、一歩ずつ実現を目指したいと考えている。

環境治療の具体的取り組み

⑴交通事故

交通事故はワシやシマフクロウの負傷・死亡原因において大きな割合を占めている。オオワシやオジロワシの交通事故は自動車や列車との衝突によるもので、２０００年から２０１３年までの間に、オオワシで36件（車25、列車11）、オジロワシでは72件（車51、列車21）が、これらの種の採餌場になっている水辺や森林に隣接した地域で頻発している。交通事故に遭った個体の多くは上半身を重度に負傷していたことから、地面に降りているところをはねられた可能性が高いと思われる。

本来なら高いところに止まることが多い猛禽（もうきん）類が地上に降りるからには、何かしらの理由がある。オオワシやオジロワシは未消化物をペレットと呼ばれる塊として吐き出す習性があるが、保護収容されたワシが入院中に最初に出すペレットは、事故に遭う直前に鳥が食べていた物だ。自動車事故でセンターに搬入されたワシの多くは、大量のエゾシカの体毛からなるペレットを吐き出すことが多い。また、死亡した猛禽類の嗉嚢（そのう）や胃からも、未消化のシカ肉や体毛が頻繁に出てくることから、これらの鳥が事故に遭う前に車にはねら

シカの轢死体を求め、線路上にとまるオオワシとオジロワシ

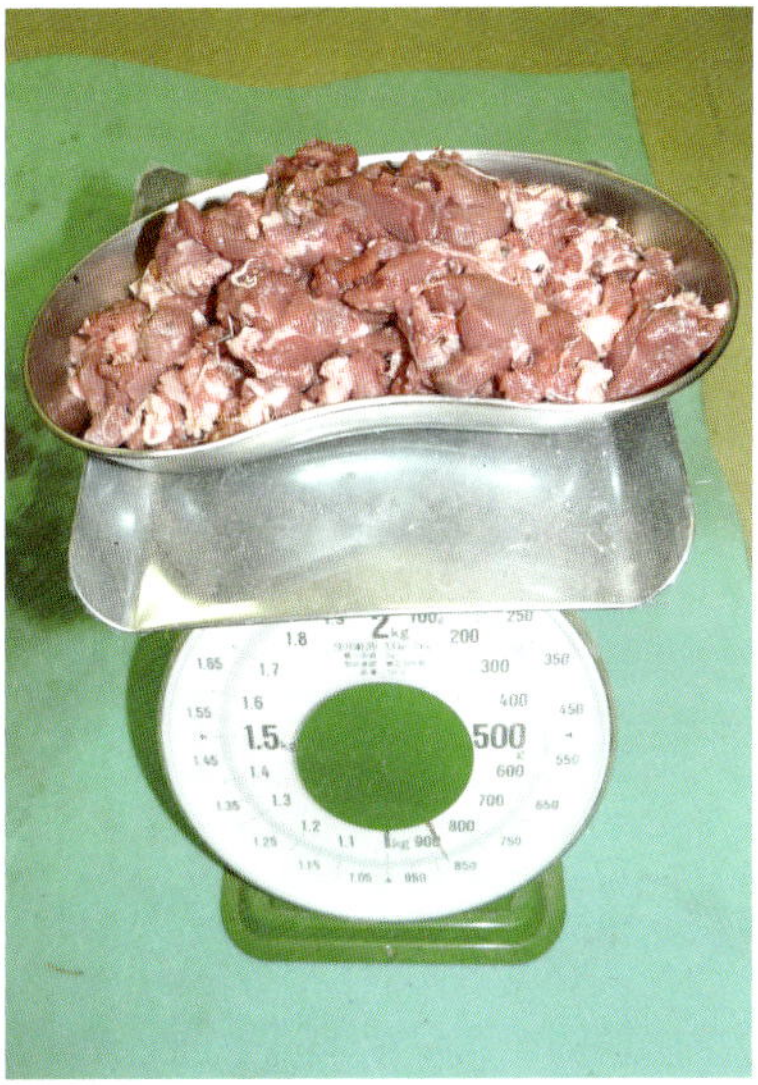

1羽のオオワシの嗉嚢から検出された新鮮なシカ肉

れたシカの死肉を食べていたと考えられた。

近年頻発しているワシと列車の衝突事故でも、同じような現象が見られることから、列車にはねられたエゾシカの死体が線路上もしくは線路脇に放置され、それを求めて集まった猛禽類が二次被害に遭っていると推定された。そこで実際に列車に乗り込んで調査を行ったところ、線路上でエゾシカの死体を夢中で食べるオオワシやオジロワシの姿を何度も目撃することができたのである。

線路脇に横たわるオジロワシ

脊椎を骨折し起立不能となったオジロワシ。列車と接触したワシのほとんどが即死するが、生き残った場合でも全身に重度の損傷を負う例がほとんどだ

オオワシ、オジロワシが被害に遭った列車事故発生地点(2000〜2014年2月)

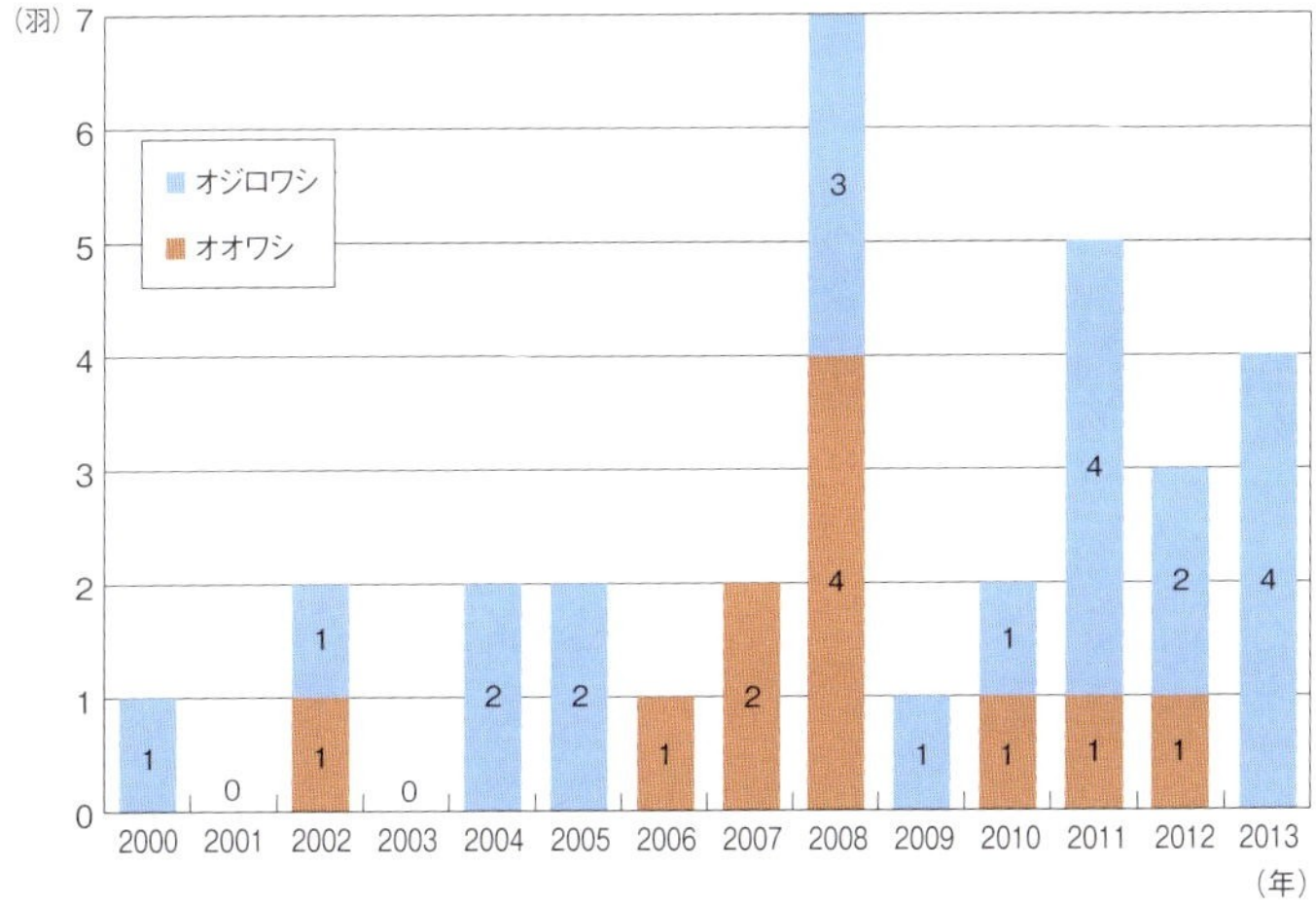

オオワシとオジロワシが被害に遭った列車事故の発生状況(年推移)

２０００年から２０１３年までの間に発生したオオワシ、オジロワシの列車事故では、そのほとんどで鳥は即死している。限られた餌に頼るしかない厳冬期において、新鮮なシカの轢死体がもたらされる線路沿いは、格好の餌場としてワシ類に頻繁に利用されていると考えられ、列車と衝突したものの報告や回収がなされていない鳥も数多くいると思われる。

ワシ類の列車事故を防ぐためには、シカと接触した列車は速やかに事故の発生地点を管理部署に通報するとともに、シカの轢死体を線路脇に移動させるだけではなく、現場から完全に撤去することが求められる。速やかな撤去が難しい場合は、シカの死体を可能な限り線路から遠ざけるとともに、応急処置として風に飛ばされないシートなどでシカの死体を覆い隠し、ワシの目に付きにくくする対策も一定の効果が期待できるだろう。

シマフクロウでも交通事故は多発しており、列車との衝突１例を除き、全て自動車事故である。車との衝突事故は１９９２年から２０１３年までに26件発生しており、橋の上で5件、道路上（林道上１件を含む）で19件発生していることが分かっている（不明２件）。以前から、シマフクロウの事故は特に橋の上で多く発生し、問題視されてきた。魚食性である本種は河川に沿って移動することが多く、橋の上を低空で横断したり、欄干を止まり場として利用する際に事故が発生している。このため、環境省では国交省や道の協力のもと、橋の欄干に沿って背の高い旗などを列状に設置し、シマフクロウが橋の上もしくは橋の下を飛ぶように誘導することによって事故を防ぐ試みを行ってきた。

しかしながら、近年センターに搬入されるシマフクロウの多くが、一般の道路上で自動車事故に遭っており、橋の上における出合い頭の衝突を防ぐだけでは対策として不十分であることが分かってきた。被害鳥は主に上半身に重い損傷を負っていることが多く、嗉嚢(そのう)や胃から未消化のエゾアカガエルが多数検出されたことから、路上でカエルを捕食中に事故に遭ったと考えられた。エゾアカガエルが冬眠や産卵のために道路上を移動する春先や秋口に事故が多発していることも、このことを裏付けている。

道路上で事故に遭った個体の多くは顔面を大きく損傷しており、衝突の直前まで逃げる姿勢をとっていなかったと考えられた。フクロウ類の多くは夜行性で、わずかな明かりの下でも活動できるような目を持っている。しかしながら、ヘッドライトのような強い光が目に入った場合、しばらくの間瞳孔が収縮した状態となり、逃避すべき暗い方向を視認できなくなっている可能性が高い。このような事故を防ぐ手立てとしては大きく分けて、餌となる動物に対する対処と、これを捕らえ食べる動物への注意喚起の2種類が考えられる。

まず、大量のエゾアカガエルが道路を横断する可能性がある場所に関しては、カエルがたやすく路上に出現できない対策を講じ、代わりにアンダーパスを設置してそこに動物を橋の上での衝突事故を防ぐため、欄干に設置された旗。河川に沿って移動する鳥類が、橋の上で車と衝突しないための措置。鳥は旗の上を飛び越えるか、橋の下をくぐる

シマフクロウの交通事故が発生した場所で防止対策を施す

シマフクロウの交通事故対策として施された路面のグルービング。本来は走行車両の滑り止めに用いられるが、音と振動でシマフクロウに車の接近を知らせる目的で施工している

交通事故に遭ったシマフクロウ。頭部を強打し眼球内出血を起こしているため右眼が赤い

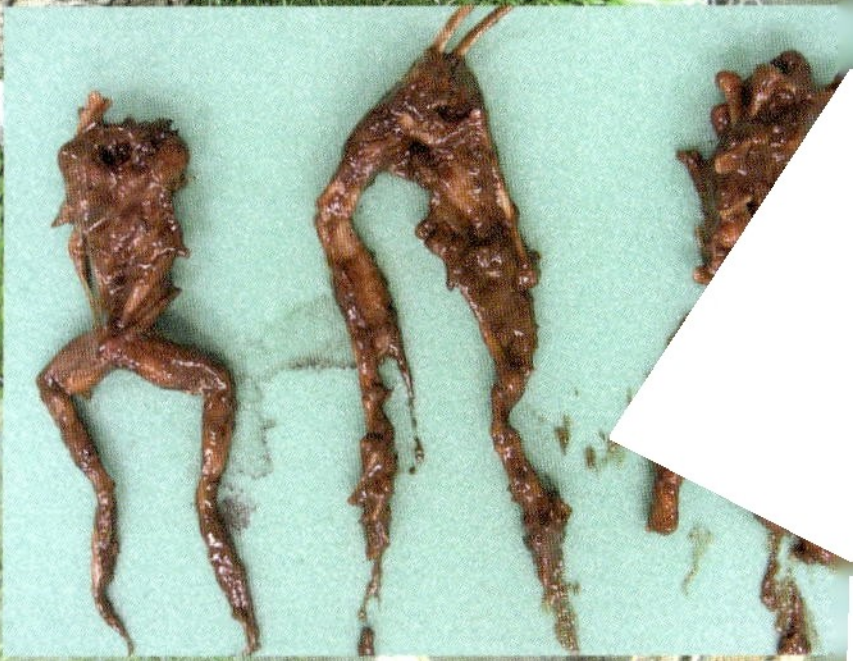

交通事故死したシマフクロウの上部消化管から発見された未消化のエゾアカガエル

路肩に横たわるシマフクロウ。数日前に同じ場所で別のシマフクロウが事故に遭い、現場検証のため現地を訪れ発見した

導いて道路を横断させる方法が有効だろう。加えて、ヘッドライトの光がシマフクロウの目に入る前に車の接近を個体に認識させることも必要だが、これは道路面にスリップ防止用の溝（グルーピング）を刻み、走行音と震動で個体に車の接近を知らせることで可能になる。ただし走行音は道路上のみならず、周辺の環境に及ぶことも想定され、特にシマフクロウの生息が判明している地域に関しては、営巣地やねぐらなどへの影響を十分考慮する必要がある。

(2)感電事故

最近増加傾向にある大型猛禽(もうきん)類共通の脅威として、送・配電設備による感電事故がある。事故に遭ったもののほとんどが死に至っていることから、ことは深刻である。見晴らしの良い送・配電柱を好んで止まり木などに利用する習性が、猛禽類の感電事故を世界中で多発させる原因となっている。事故発生箇所のほか、類似の構造物に対しても事前の予防策を講ずることが極めて重要だ。

１９９９年から２０１０年8月までに道内で収容されたオオワシ、オジロワシ、クマタカ、シマフクロウの生体と死体のうち、感電死と診断された事例は35件にのぼる。感電事故の発生は２００４年が7件と最も多く、２０１０年までに年平均3・2件発生している。

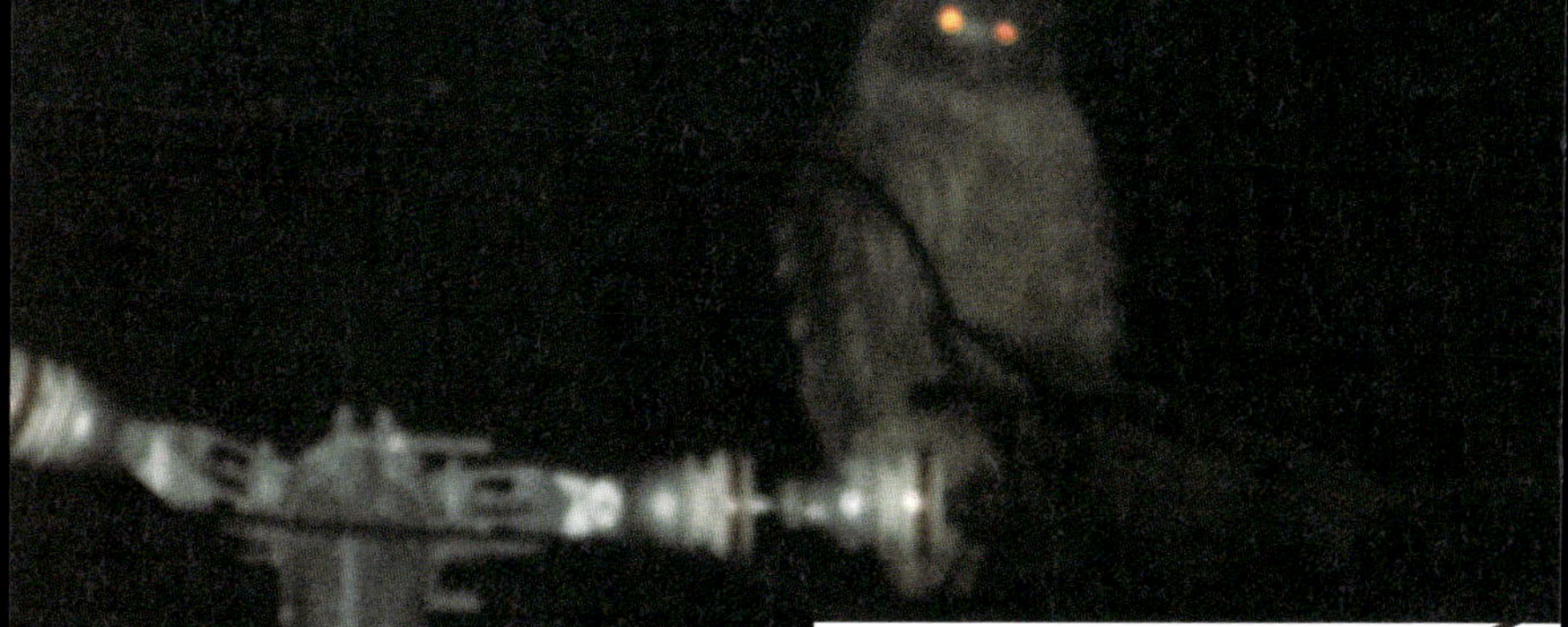

配電柱上で感電死したシマフクロウ
（知床博物館提供）

配電柱上にとまるオオワシ。平坦な地域では配電柱や送電柱を止まり木として
利用することが多い（野付半島）

感電によって死亡した希少猛禽類は、オオワシ（51％）が最も多く、次いでシマフクロウ（23％）、オジロワシ（17％）、クマタカ（9％）の順になっている。また種の保存法で国内希少野生動植物種に指定されているワシミミズクでも感電事故が1件発生したことがある。オオワシの傷病・死亡原因のうち感電が占める割合は鉛中毒に次いで高く、シマフクロウでも交通事故に次いで高い値となっている。

感電に至った経緯としては、送電鉄塔や配電柱に止まろうとした際に電線と接触するケースが最も多い。北海道電力は感電事故などに起因する瞬間的な停電を感知した際、その原因を究明するために現地調査を行っており、多くはこの時に被害に遭った鳥が発見されている。電線や塔体には、電気が出入りした箇所に金属が融解した痕跡（アーク痕）が見られることが多い。一方、感電個体の電流が出入りした部分には、皮膚や羽毛に重度のやけどが認められ、通電部には電撃斑（電流斑）と呼ばれる斑状の皮下出血が観察される。電気設備の設置状況と被害を受けた鳥から得られたさまざまな情報を基に、事故の状況や発生場所、鳥の姿勢や通電部位などを把握することは、再発防止策や予防策を考える上で重要な手掛かりとなる。

通常、感電は鉄塔の一部（または配電柱のアース）と電線、もしくは複数の電線を同時に触ると発生することから、これらの距離を鳥が翼を広げた長さ（翼開長）やくちばしの

感電死したオオワシの回収（野付半島）

送電柱で感電死したオオワシの足。重いやけどにより
炭化と離断が確認された

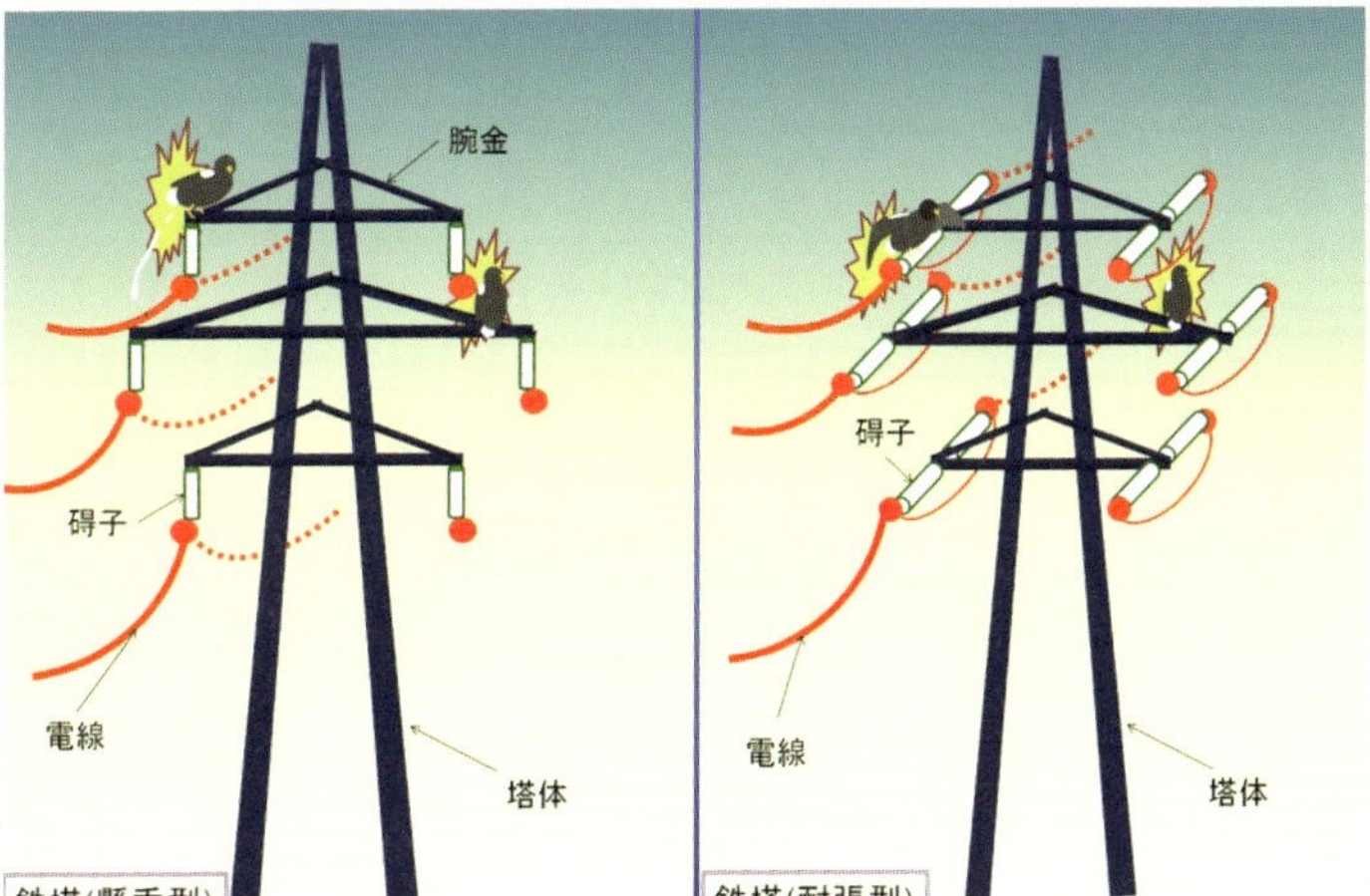

送電鉄塔における猛禽類の感電事故のパターン

釧路湿原野生生物保護センターのフライングケージ内に、送電鉄塔の碍子(がいし)を設置する電力会社の社員。実際に感電事故に遭っているオオワシやオジロワシが、どのような姿勢で送電設備に止まるのかを確認する実験に使う。これらの検証を行うためには事業者の協力が欠かせない

感電事故の被害に遭っているシマフクロウを用いたバードチェッカーの開発実験(暗視カメラで撮影)

フライングケージの中で大型猛禽類にも有効な感電防止器具「バードチェッカー」の開発を行っている

感電事故防止のため配電柱に取り付けられた止まり木を利用するオオワシ(洞井賢二撮影)

有用性が確認されたバードチェッカーを送電鉄塔に取り付ける電力会社社員

先から尾までの長さ（全長）よりも長く確保することで防ぐことができる。

新設する送配電設備に対しては、周辺域における大型猛禽類の生息状況を把握し、これらの種が電柱に止まった際にも安全が確保されるような設計を採用することが重要である。一方、既存の送配電設備に対しては、猛禽類を危険な場所に接近させないための器具の設置や安全な止まり木への誘導などの対策が必要となる。猛禽類医学研究所は前述の通り、北海道電力の協力の下、野生生物保護センターにおいて感電防止器具の開発や有効性の検証を実際に感電被害に遭っている大型猛禽類を用いて実施しており、成果のあった物は運用中の送・配電柱に広く採用されている。

(3) 発電用風車との衝突

日本本土最北端の宗谷岬（稚内市）。オオワシやオジロワシをはじめ、北方に渡る多くの渡り鳥が、この地点から宗谷海峡へと飛び立っていく。

同時にこの場所は、現在57基の風車が稼動する、わが国最大級の風力発電基地でもある。原子力の代替エネルギーや、地球温暖化を促進する温室効果ガスの削減が社会の大きな課題となっている今、風力発電は持続可能なクリーンエネルギーとして日本各地で積極的に導入が進められている。

オオワシやオジロワシの渡りの要所、宗谷岬に存在する大規模な風力発電所

気流の発生しやすい鳥の渡りの「要所」は、風力発電にとっても好適地であるため、両者の間の軋轢（あつれき）が懸念されてきた。北海道内では２０１３年末までに37羽のオジロワシと1羽のオオワシが、発電用の風車との衝突（バードストライク）で死亡したことが確認されている。この死亡数は、あくまでも回収できた死体の数に過ぎず、実際にはより多くの種や個体が被害に遭っているものと思われる。バードストライクにより死亡したオジロワシを病理解剖した結果、ほとんどの鳥の消化管から未消化の餌が見つかっていることから、衝突事故のあった風車のすぐ近くが、これらの採餌場として利用されていることが明らかになった。特に渡りの時期である秋は、周辺河川に餌となるサケの姿が多く見られることから、単なる渡りの通過地点のみならず、長くとどまる鳥たちにとって

発電用風車のブレード近くを飛翔するオジロワシ（苫前町、佐藤圭撮影）

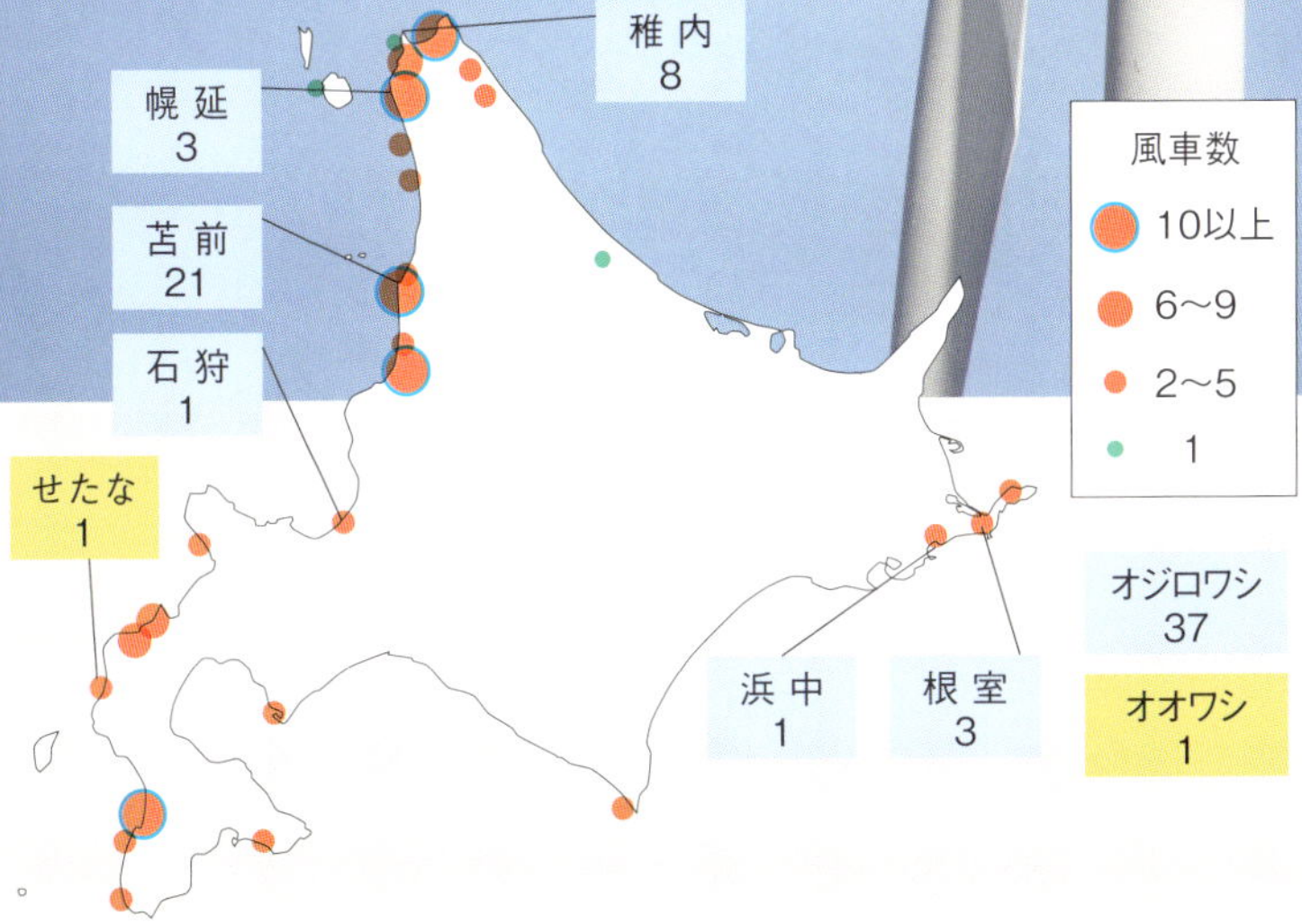

北海道内で確認された海ワシ類のバードストライク（2000－2013年）

発電用風車と衝突した
オオワシ（せたな町）

発電用風車と衝突したオジロワシ（根室市）

重要な餌を得る場にもなっていることが分かっている。

風車の先端は最大で時速約３００キロの高速で回転しており、巨大な羽根（ブレード）が、上下方向から次々と迫ってきた場合、気流を利用してゆったりと帆翔し、俊敏な身のこなしを不得手とする大型猛禽類がこれを避けることはほぼ不可能である。これまで衝突した個体がすべて即死であったことが解剖の結果から分かっており、大型猛禽類にとって極めて致死性の高い脅威であるといえる。

風車による大型猛禽類への影響は、欧米をはじめ諸外国では古くから問題視されてきた。風車のブレードに着色したり模様を描いて鳥から見えやすくするなどの対策が試みられているが、いまだ画期的な成果は得られていない。また、衝突事故のみならず、気流の変化や低周波などによる野生生物への影響も大きいといわれているが、日本においてはこうした実害の検証や研究はまだ始まったばかりである。猛禽類医学研究所では、後遺症などによって野生には戻れないオオワシやオジロワシを活用し、視認性試験や忌避試験を実施している。風車のブレードが実際に被害に遭っている大型猛禽類の目にどのように映り、なぜ衝突事故が起きるのかを推察するとともに、有効な予防手段を講ずる上での手掛かりを見付けるためだ。現在までに視認可能なブレードの速度、ブレードと背景のコントラスト比、視認可能な輝度などを明らかにする実験を日本大学などと共同で実施してきた。現在

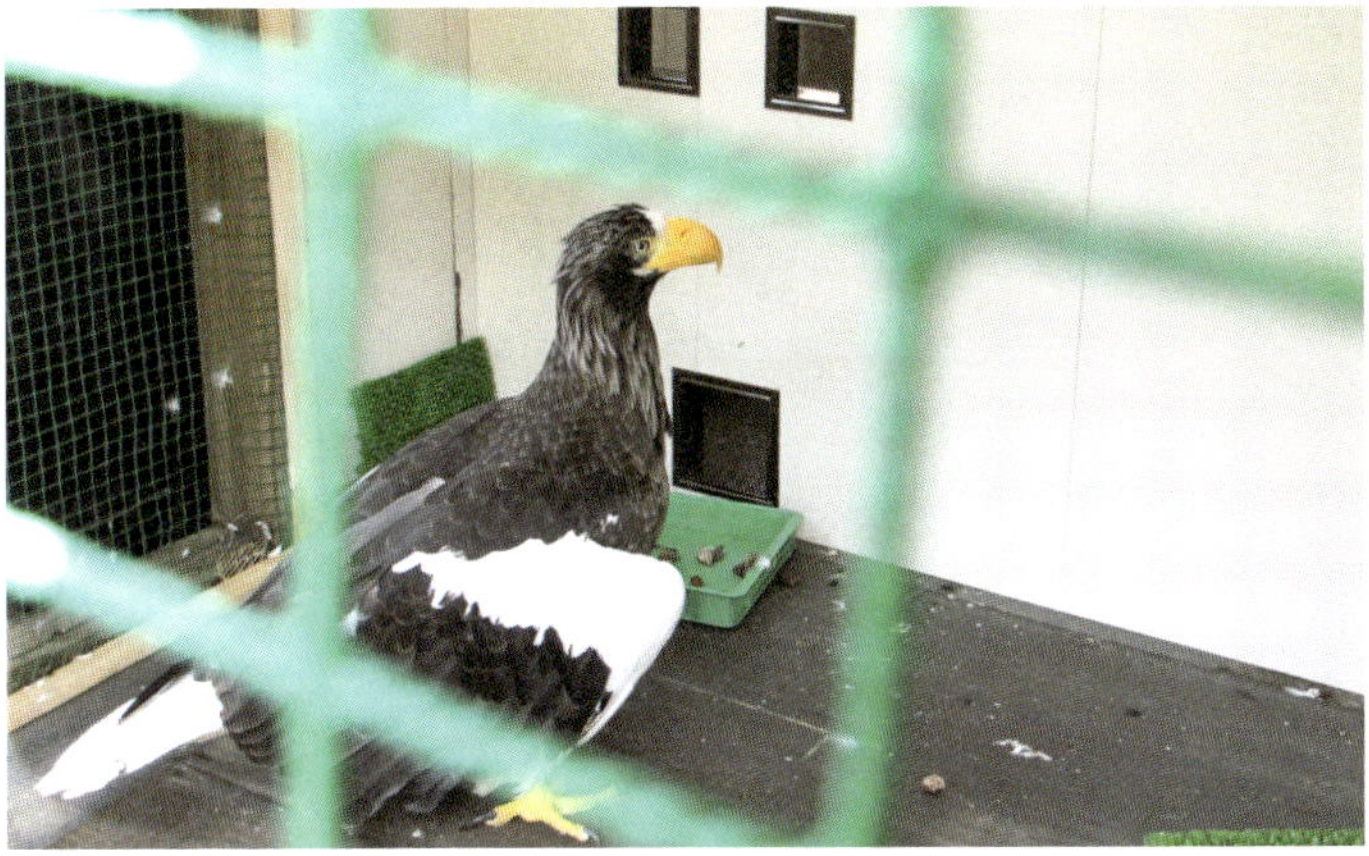

バードストライクの防止を目的とした視認性試験に取り組むオオワシ

では、どのようにすればブレードを危険な物として認識させ、避けさせることができるかを検証するための実験を行っており、将来的には実際にバードストライクが頻発している風力発電施設において、実物の発電用風車を使った実地試験を行いたいと考えている。

風力発電の「自然に優しい」イメージは社会に広く浸透しており、一般的に自然環境の保護に関心が深いほど、むしろ積極的に施設建設を後押しする風潮がある。北海道を含む各地で風力発電所の建設が計画されている今、施設が与える環境負荷について正確な情報を収集・共有し、今後の自然エネルギー事業を真に自然に優しいものとするにはどうすべきか考えることが重要である。

野生動物への餌付け

人と野生動物の関わりの中で、特に最近問題となっているものに餌付けがある。「野生の動物に餌をあげる」という行為は、動物愛護や自然との触れ合い方のモデルとして小鳥の巣箱かけとともに、昔から学校教育の場などでも勧められてきた。いつもは遠くからしか眺めることしかできない野鳥を、餌を与えて警戒心を解き、人の近くまで寄らせることによって間近に接することができるようになる。公園や神社のハトへの餌付けは古くから一般市民によって行われてきたし、池の水鳥にパンを与える行為や庭に設置したバードテーブルに小鳥を呼ぶことは自然保護活動の一環として位置づけられることも多かった。

しかしながら、最近この餌付けという行為が人間と動物の双方に色々な問題を引き起こす例が多く起きており、野生動物との付き合い方として果たして適切かどうか、疑問視されはじめたのだ。一つは感染症の発生を助長する可能性があること。以前より多数の鳥を狭い場所に引き寄せることにより、鳥同士の接触や糞(ふん)便、餌を介した病原体の伝播(でんぱ)が起こりやすい環境をつくり出していることが指摘されていた。また、少し前に話題となったスズメの急激な減少についても、餌台を介したサルモネラ菌のまん延が原因の一つになっている可能性があると言われている。さらに、世界中で問題となっている高病原性鳥インフルエンザなどの人獣共通伝染病ばかりではなく、自然界において大きな問題を引き起こすさまざまな病原体を集団感染させる引き金になりかねないと警鐘を鳴らす人も多い。

野生動物は本来、自然のサイクルの中でその時々に得られる食べ物を利用して生活している。人間が与えた食べ物を労せず得ることを彼らの生活に浸透させることで、野生動物本来の生態を大きくかく乱しかねないばかりか、特定の場所に集まることにより、彼らを捕らえ食べようとする動物に襲われる危険が増す可能性もある。特に、餌を与える個人の意思一つで餌の量や質、与える場所、与える期間などが大きく左右されることが問題で、たとえば本来単独で生活する種を多くの同種や別種と共生させてしまうことや、移動の季節を迎えた渡り鳥を不用意に引き留めてしまっている懸念もある。多くの個体が依存している人工的な採餌場で、人間のさじ加減一つで、ある日を境に食べ物がゼロになる事態も想定される。このような急激な生活環境の変化に野生動物がついていけるかどうかは全く不透明なのだ。

環境省などにより、保護を目的に計画的に野生動物に餌を与えることがある。これは人工給餌といい、タンチョウやシマフクロウの保護増殖事業の一環として大きな成果を上げている。これには餌の種類や量、給餌場所の選定や管理などが極めて細かく専門家を交え

風蓮湖で行われている氷下待ち網漁の漁場に群がるオオワシ（諸橋淳撮影）

海岸に投棄された雑魚（野付半島）

氷下待ち網漁の副産物である雑魚は氷上に投棄されることが多い（諸橋淳撮影）

の餌付けを行う観光船（羅臼沖）

て協議され、確たる計画の元に実施されている。希少種に餌を与える行為については、一般市民は極力慎むべきだ。観光客を呼び込むことを目的に、行政の目が行き届かないところで多くの餌付けが実施され、目に見える実害も起きている。例えば、流氷上に観光船がばらまいた魚を目当てに多くのオオワシやオジロワシが集まり、その結果ワシ同士が空中衝突して海に落下し、たも網ですくわれ野生生物保護センターに届けられているのだ。

絶滅の危機にひんした野生動物に餌を与える行為は、あくまでも保護を目的に十分な計画の元に行うべきであるが、この活動に一般市民が参加するに当たっては少なくとも環境省など監督官庁の同意を求め、必要に応じたアドバイスを得て、考え得る悪影響を避けるべきである。また近い将来、給餌行為を希望する団体や個人は環境省に対して事前に届け出て、同省の許可・監督の元で保護活動の一環として計画的な給餌に参加する——といったシステムの整備を行うべきである。もちろんその場合、地元自治体や自然保護関係者の協力が大切なのは言うまでもない。

4章　大量死防止と「野へ返す」こと

サハリン資源開発の脅威

日本から最も近いオオワシの繁殖地であるサハリンでは、現在、「サハリンプロジェクト」と呼ばれる大規模な石油天然ガス開発が進められている。それぞれサハリン1〜9と銘打たれた、9カ所での開発プロジェクトが具体化されているが、そのうちサハリン1、2プロジェクトの鉱区となっているサハリン北東の沿岸部はオオワシの一大繁殖地に当たる。

2000年より毎夏、モスクワ大学のウラジミール・マステロフ教授らとともに、北サハリンで実施しているオオワシの生態調査によると、同地域の潟湖（せきこ）周辺に約300つがいが繁殖していると推察され、1000個近い巣も確認されている。これまで150個以上の発信機をこの地域で生まれたオオワシのひなに装着して調べた結果、その約8割が冬季に北海道で確認されていることから、サハリン北東部沿岸域の環境悪化は、日本で越冬するオオワシに対しても、極めて重大な影響をもたらす可能性が高いことが分かった。

モスクワ大学のマステロフ教授(右)と続けてきたサハリンでのオオワシ調査

外部計測や採血を行い、ひなの健康状態を確認する

健康診断と標識の装着を行うためオオワシの巣に登りひなを捕獲する筆者(阿部幹雄撮影)

発信機が装着されたオオワシのひな

オオワシの渡りや生活を調査するために発信機を装着する。装着用のテフロンリボンは劣化により数年で切れる

巨大なオオワシの巣（サハリン北東部）

サハリンの空を舞うオオワシの成鳥。白と黒のコントラストが美しい

大規模な開発の目的が石油資源の採掘であることは、オオワシをはじめとするこの地に生息する多くの野生生物に大きなリスクを課している。オオワシの生息地はオホーツク海に接する潟湖の沿岸に分布している、湖はいずれも非常に浅く、干潮時には水深わずか10センチに満たない場所も多い。そのため湖に生息するカレイや流入河川を目指して遡上（そじょう）してくるカラフトマスなどを、オオワシやオジロワシは地の利を生かして簡単に捕獲することができ、これが多くのオオワシの生息や繁殖を支える重要な要素となっている。しかし万一沿岸の湿地帯に敷設されたパイプラインが破断した場合、石油は瞬く間にこの浅瀬や湖底まで汚染し、オオワシの重要な餌資源を根絶してしまうだろう。そればかりか、湖の生態系そのものを完全に破壊してしまう恐れもあるのだ。さらに、この地域の潟湖はどれも外海への開口部が狭い、ほぼ閉鎖的な水域であるため、いったん湖内が石油などで重度に汚染されてしまうと、自浄作用による水域や湿地環境の復元はきわめて困難であると考えざるを得ない。

サハリン2開発では、約１０００本の川を横切って、サハリン島を南北に縦断する石油パイプラインが敷設された。この島は活断層が多く存在する地震の多発地帯としても知られている。地殻変動によるパイプラインの破断も懸念されるのだ。河川に石油が流れ出た場合、汚染物質は水流とともに隣接する湿原や下流の潟湖へ容易に広がり、広大な範囲を

サハリン北東部のノグリキ駅に山積みにされた敷設前のパイプ

脆弱な湿地帯に伸びるパイプライン

山野を切り開きサハリン2開発のパイプライン埋設工事が進む

瞬く間に汚染することだろう。さらに隣り合う潟湖は、両者を隔てる湿地帯や小河川を介してつながっており、特に融雪期は河川の水量が増加し、辺り一面水浸しになるという。このため、大規模な石油漏れ事故が起こった場合、周辺地域が丸ごと汚染される事態も想定される。

オオワシは日ロ渡り鳥等保護条約の対象として保護されている種であり、法的には日ロが協力して保護を行う体制が整っている。ロシアにおいても大規模な開発に先立ち、環境影響調査の実施とその結果の報告、希少種ならびにその生息地への配慮が義務付けられている。

しかしながら2003年当時、インターネット上などでも公表されていたサハリン2開発の事業者による環境影響評価書に記載されていたオオワシの生息数は、私たちが行ってきた学術調査の結果と照らして、開発予定の鉱区を中心に約6倍もの開きがあり、開発を有利に進めるために過小評価しているのではないかと疑わざるを得ない状況であった。このため、国内の研究者の協力を得ながら、報告書に記載されていたその他の項目に対する調査の結果やリスク評価、対策などの記述を精査し、開発事業者による公聴会や説明会などにおいて意見陳述を行った。

さらに、当時この開発に対して多額の融資を検討していた日本政府系の国際協力銀行

（JBIC）に対しても、事故発生時には渡り鳥や海棲哺乳類、魚類などに関して日本が被害を受ける可能性が高いこと、必要な再調査を行い、適切な対応策を再考する必要があることなどを説明し、事業者に対して状況の改善を促すよう強く求めた。その結果、事業者は部分的ではあるが指摘項目の再調査を実施し、環境影響評価書の補遺版なるものを刊行した。しかしながら、当方らが記載事項の矛盾を指摘したオオワシなどの項目については記載内容についての修正が加えられたものの、近縁種のオジロワシやシギ・チドリ類などの渡り鳥については、ほとんど再調査や再評価が行われておらず、あくまでも開発を進めるための手続きとして環境影響評価書を作成している感は否めなかった。

2005年、環境省は「種の保存法」に基づく希少種保護の一環として、「オオワシ・オジロワシ保護増殖事業」に着手し、国としてこれらの種の保護に本腰を入れ始めた。その一方で、同種が開発行為によりその生息地を奪われ、種の存続にまで影響を受けかねない大きなリスクを背負いつつあるという。その事実を踏まえ日本政府は、ワシという国の自然資産の利害関係者として、ロシアに対して繁殖地や渡りのルートの保全に関する、より積極的な行動を起こすべきだと強く思う。

サハリンの天然資源に対しては、開発に参加している日本企業のみならず、東日本大震災以降、原子力に代わるエネルギー源として見直しが進んでいる石油や天然ガスの、ごく

洋上に設置されたサハリン2開発の石油天然ガス採掘用プラットフォーム

オオワシの一大繁殖地チャイヴォ湾のほとりに建てられたサハリン1開発の掘削リグ

サハリン1のパイプラインルートの中心線から約6メートルの位置で確認したオオワシの繁殖巣。1羽のひなが育っていたが、中心線から両側数十メートルの幅で樹木が伐採される計画だった

オオワシの巣の背後に迫るサハリン1の開発基地（右奥）

近い安定した新供給源として国内から大きな期待が寄せられ、共同開発が加速度的に進められる可能性がある。特にサハリン2計画については、サハリン南部のコルサコフからガスパイプラインを直接日本に敷設するという案までも浮上するなど、より具体的な大規模開発が検討され始めている。

不安定な中東情勢などに伴い、近い将来さらに深刻化する可能性がある石油天然ガス資源の確保と、野生生物とその生息域の保全をどのようにすれば両立させられるのか。サハリン開発に伴って得られるさまざまな調査データを日ロ共通のテーブルに乗せ、起こりうる環境へのリスクを謙虚に再検証し、できる限り早い段階で具体的な対策を両国共同で講ずるべきである。稚内から海を隔ててわずか43キロ北のサハリン島で、日本企業が参画して実施されている大規模開発と引き換えに、国際的な希少種の重要な繁殖地や数多くの渡り鳥が利用する中継地などが一瞬にして失われるかもしれない現実を、もう一度しっかりと認識すべきである。

＊治療室から＊

野鳥の大量死再び

「油まみれの鳥が多数発見された」との第一報を、日ごろから情報交換しているロシア・サハリン州の自然保護団体から受け取ったのは２００９年１月末のことだった。

場所は石油・天然ガス開発事業「サハリン２」の積み出し基地にほど近い、同島南部のアニワ湾。結氷した沿岸８キロに渡って、約１２０羽の油にまみれた海鳥が漂着したのだ。この団体は直ちに、油流出事故の対応窓口であるロシア非常事態省に対し調査を要請したが、同省はボートやヘリコプターが手配できないとの理由で、更なる現場検証を行わない旨を回答してきたという。このようにロシア当局の対応は当初、原因究明に積極的とは思えなかったのだが、事故発生から１カ月ほどたったのち、油を含んだ排水を船舶が捨てた疑いがあるとして、急きょ刑事事件として捜査した。

嫌な記憶を思い出した。２００６年２月、知床半島のオホーツク海沿岸で、実に約５５００羽もの油にまみれた海鳥の死体が漂着、発見された例である。

知床半島のオホーツク海沿岸に流れ着いた石油に汚染された海鳥の死体（2006年）

油にまみれた海鳥は損傷も著しく、種の鑑定すら難しいものが多かった

人海戦術で回収を試みたものの、発見されずに消失した海鳥の死体も多かったと思われる

知床半島の海岸で収容されたオオワシの死体（上）とその胃から発見された石油に汚染された海鳥

状況から、死体は東樺太海流に乗ってサハリン沖から流されてきた可能性が高い。付着していた油が船舶燃料などに使われるC重油であったことまでは明らかになったが、その汚染源はいまだ特定されていない。

実はこの時、犠牲となったのは海鳥だけではなかった。同じ海岸で2羽のオオワシの死体が回収された。死因究明のため猛禽類医学研究所で病理解剖を行った結果、ワシの胃から石油で汚れた海鳥の足や羽毛が発見されたのである。打ち上げられた海鳥の死体を越冬中のオオワシが食べ、付着していた油で中毒を起こした二次被害と思われた。鉛弾による鉛中毒と同様、食物連鎖に入り込んだ毒物は着実に生態系をむしばんでゆく。

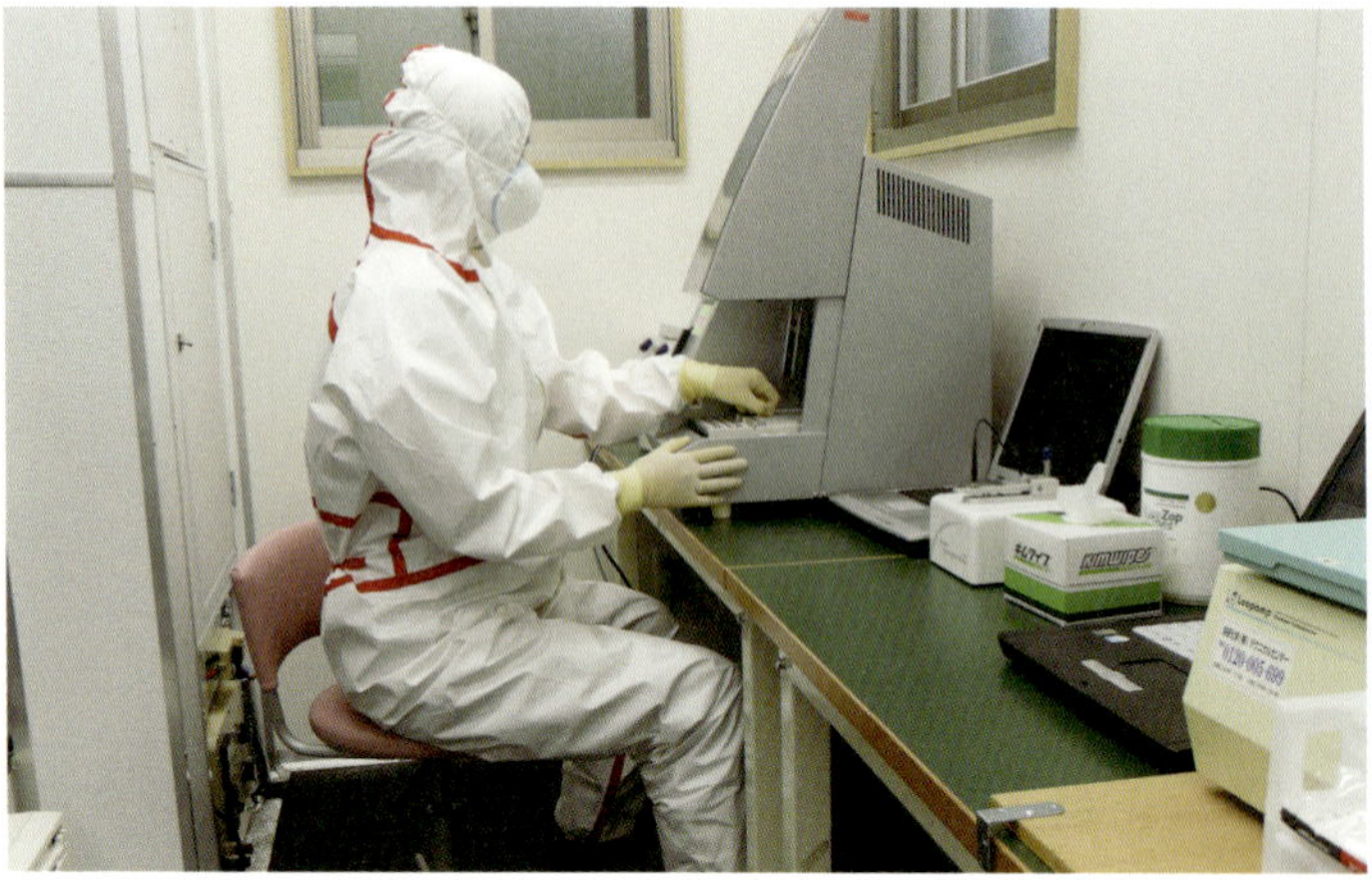

感染症防御施設で専門的なウイルス検査を行う

人獣共通感染症への対応

野生動物の救護を行う上で、常に頭に入れておかなければならないのは、人獣共通感染症の存在である。弱って保護された野生動物と無防備な状態で濃厚接触した場合、たとえ獣医師であっても高病原性鳥インフルエンザなどの重要感染症にかかる可能性があるのだ。

釧路湿原野生生物保護センターに持ち込まれた猛禽類は、生死を問わずインフルエンザウイルスとウエストナイルウイルス（蚊が媒介する感染症、ウエストナイル熱の病原体）の簡易検査を行っている。また猛禽以外の鳥類についてもインフルエンザの検査を必ず行い、陰性であることを確認したうえで屋内に持ち込み、治療や病理解剖を行っている。近年さらに信頼性の高い検査を発生地で敏速に行う目的で、国立環境研究所とのコラボレーションで安全キャビネットや遺伝子検査機器を備えた移動式のトレーラー実験室を整備し、有事に備えている。

２０１１年早春、北海道東部で水鳥の高病原性鳥インフルエンザの発生が確認された。この地域は絶滅の危機にあるタンチョウやシマフクロウ、オオワシ、オジロワシなどの生息地として知られている。鳥インフルエンザにかかったカモやハクチョウが数多く確認された釧路管内浜中町の湖沼では、水鳥の上陸場で餌を採るタンチョウの姿が頻繁に確認され、ウイルスの伝播（でんぱ）が心配された。

幸いこの地域では、タンチョウへの影響は確認されなかったが、この時期のツルは環境省の保護増殖事業の一環で実施されている人工給餌に大きく依存して生活しており、給餌場など特定の場所に多数の個体が集結する傾向がある。また、採餌場近くの河川などで、大規模に共同でねぐらをつくることも多く、ツル同士の距離は繁殖期とは比べものにならないほど近い。このため鳥インフルエンザに感染したタンチョウが集団に入り込んだ場合には、極めて短期間に感染が広がり、種そのものに対して大きな影響を与える恐れがあるのだ。

2011年に北海道東部で発生した
高病原性鳥インフルエンザの確認状況

月日	地名	種名	齢	生死	簡易検査	確定検査
1月12日	浜中町	オオハクチョウ	成鳥	死体	—	＋
1月17日	浜中町	スズガモ属（不詳）	不明	死体	—	＋
1月18日	浜中町	オオハクチョウ	成鳥	生体	—	＋
1月19日	浜中町	オオハクチョウ	幼鳥	生体	＋	＋
1月19日	浜中町	オナガガモ	不明	死体	—	＋
1月28日	浜中町	オオハクチョウ	幼鳥	生体	＋	＋
2月3日	浜中町	オオハクチョウ	幼鳥	死体	＋	＋
2月7日	浜中町	スズガモ	幼鳥	死体	＋	＋
2月17日	厚岸町	オオハクチョウ	幼鳥	死体	＋	＋
2月21日	浜中町	オオハクチョウ	幼鳥	死体	＋	＋

（— は陰性、＋は陽性）

さらに給餌場には、餌を求めてオオハクチョウやカモ類も数多く飛来することから、これらの水鳥を介してウイルスがタンチョウに感染する可能性も否定できない。タンチョウで高病原性鳥インフルエンザが確認された際の具体的な対応策は、いまだ明確に決まっていない。

タンチョウの生態や人為的な給餌の是非、方法などを考慮し、実効性のある対策を早急に検討する必要がある。

高病原性鳥インフルエンザの発生が確認された北海道には、希少猛禽類であるオオワシやオジロワシが数多く飛来する。特にオオワシは、世界中の総生息数約５０００～６０００羽のうち、２０００～２５００羽が道内で越冬することから、鳥インフルエンザ

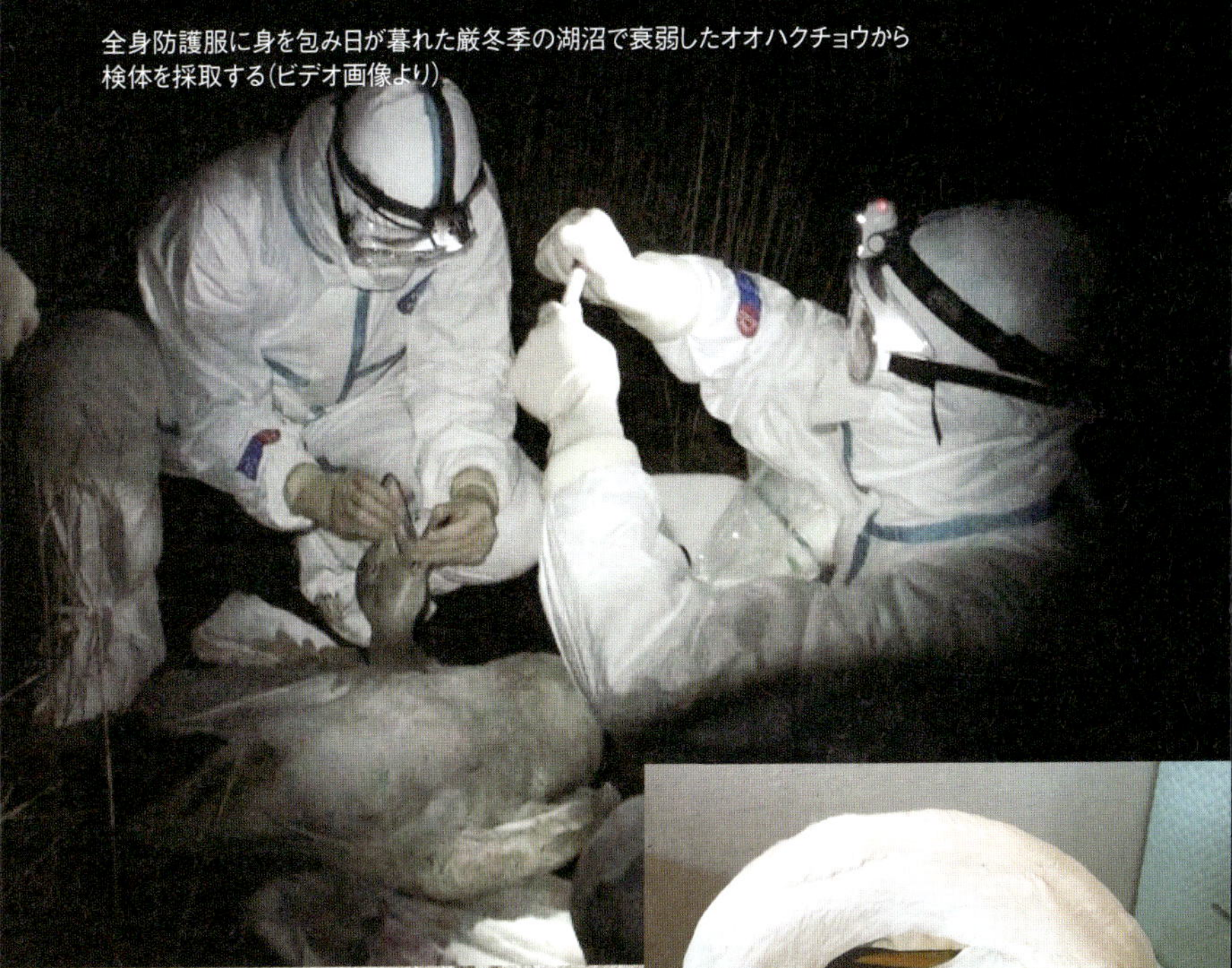

全身防護服に身を包み日が暮れた厳冬季の湖沼で衰弱したオオハクチョウから
検体を採取する（ビデオ画像より）

高病原性鳥インフルエンザに感染し、神経症状を示
すオオハクチョウ

高病原性鳥インフルエンザの発生がオオハクチョウで確認された湖沼には、
希少種のタンチョウも生息している（本藤泰朗撮影）

鳥インフルエンザが確認された湖沼の氷上で死亡した
オオハクチョウを食べるオジロワシ（本藤泰朗撮影）

の感染による大量死が発生した際には、種の存続にも影響を及ぼしかねない深刻な事態が予想される。

またオオワシは、サハリン、カムチャツカ、アムール川河口域など極東ロシアにおける複数の繁殖地から渡来していることが、足環（あしわ）や発信機を用いた生態調査から判明している。このため、北海道でワシが高病原性鳥インフルエンザに感染した場合、渡って行く先、すなわちオホーツク海沿岸に広がる本種の繁殖地全体に深刻な影響が波及する可能性が十分あるのだ。

２０１１年春にハクチョウやカモで高病原性鳥インフルエンザによる感染死が確認された道東の湖沼には、この年、例年に比べ明らかに多くのワシ類が集結し、衰弱または死亡したオオハクチョウなどを食べる姿がしばしば観察された。食物連鎖を介した病原体の伝播は生態系を広く汚染し、正確な状況の把握やコントロールはもはや不可能だろう。

近年、カモやハクチョウなど野鳥に対する無秩序な餌付けが問題となっているが、知床半島や根室半島の一部では、観光を目的としたワシへの餌付けまでもが大々的に行われ、特定の場所に多くの希少猛禽類を長期間集結させる結果を招いている。感染症の予防など、保全医学的な観点から健全な越冬環境を提供するためにも、餌付け行為に対する一定のルールを策定することが急務である。

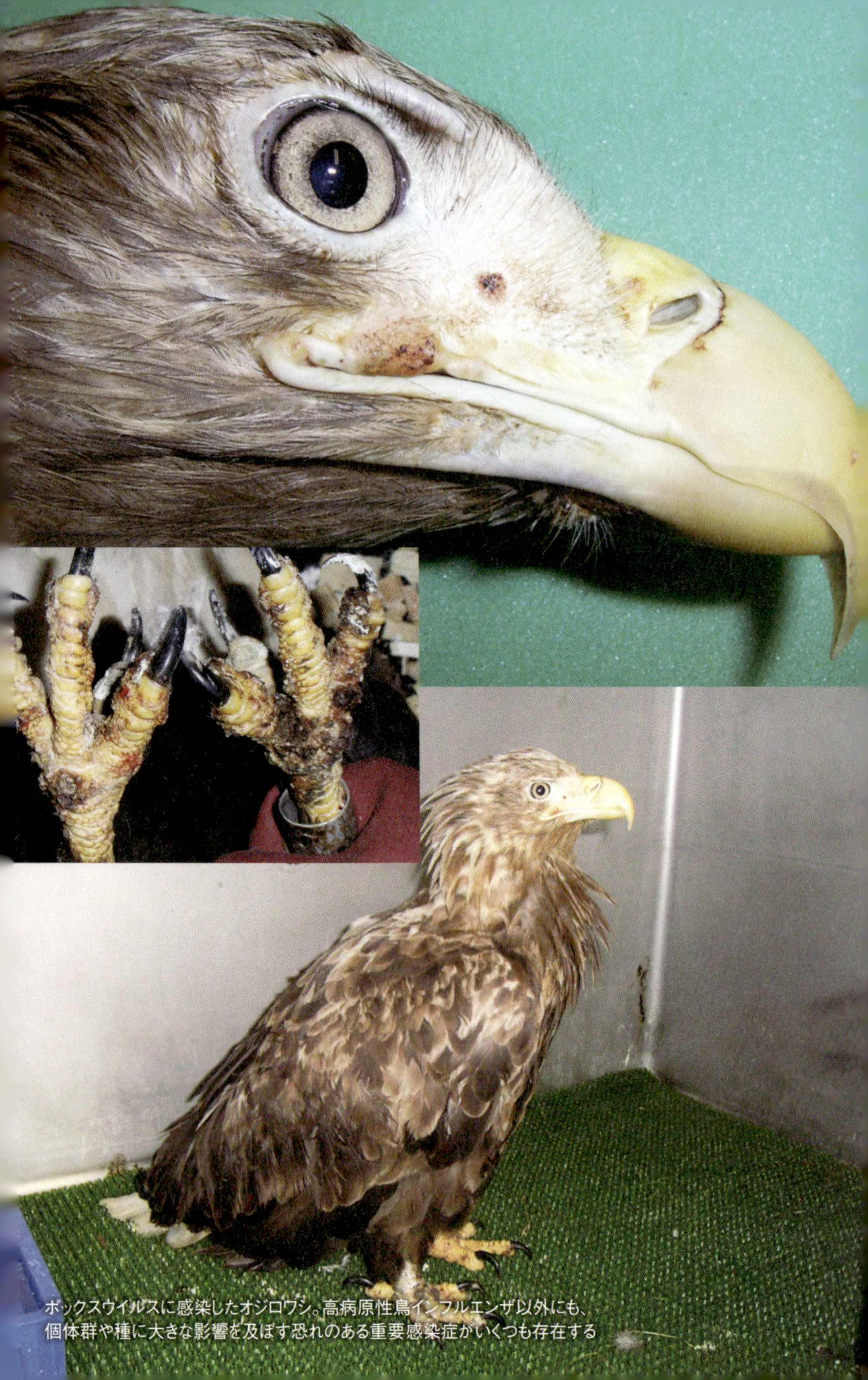

ポックスウイルスに感染したオジロワシ。高病原性鳥インフルエンザ以外にも、
個体群や種に大きな影響を及ぼす恐れのある重要感染症がいくつも存在する

北海道は、さまざまな渡り鳥の移動の経路上に位置し、南北および東西に伸びる渡りルートの「交差点」に位置する。このため、越冬地や繁殖地が異なる種が一時的に限られた生息環境を共有することから、種を超えて鳥インフルエンザが伝播した場合、病原体が極めて広範囲に拡散する可能性がある。

「野へ返す」ことを見据え

野生動物医療に関わる者として、いつも心掛けていることがある。以前コンパニオンアニマル（伴侶動物）とも称される小動物の臨床を経験した獣医師として感じるのは、野生動物に対しては、犬や猫などのいわゆるペットや、動物園の飼育展示動物とは明らかに異なった接し方や治療方針を立てなければならないということだ。まず保護収容直後の初期治療から個体の状態が安定するまでの期間は、予後を大きく左右するほど重要であるため、可能な限り手を尽くして短期での根治治療に臨むことが大事である。

一方、術後管理や手厚い看護が必要なくなった個体に対しては、可能な限り人との接触を避けながら最低限必要なサポートにとどめることが望ましい。捕獲を伴う治療を控え良好な飼育環境を整えることが、入院個体に対する精神的なストレスを低減させ野生動物が本来持っている強い治癒能力を引き出すことにもつながると、数々の治療を通じ考えるに至った。さらに臨床検査においても、個体に保定（動物を安全に押さえ込むこと）や検査時のストレスをかけないで済む視診など五感を使った古典的な診察技術は利用価値が高く、正確な診断が下せるように日頃から経験とトレーニングを積むべきである。

入院中の動物の管理に当たっても、病状に応じた飼育施設、餌の質や量、与え方、他の飼育個体との距離などを、入院個体の状態を注意深く観察し、その時々で配慮しなければならない。例えば治療や飼育管理が容易であるからという理由で長期間ステンレスの壁で覆われたケージの中で過ごさせることは、かえって病状を悪化させ、多大な精神的ストレスを与えかねない。治療の現場で多用され大きな効果を上げている保育器（温湿度管理や酸素の供給ができる）も同じ理由で、できるだけ早い段階で一般的な飼育室に移すべきだろう。

野生動物の診療では、野外で生活していくために必要な身体能力の回復を目指す一方、最終的な目的である野生復帰を常に見据えた関わり方を忘れないことがとても重要だ。「治す」ことは「返す」ための一通過点に過ぎないということを、治すプロであり普段からこれに重点を置いている獣医師が常に意識するということは生半可ではない。けがや病気が完治していなくとも、必要に応じて意図的に治療の手を緩めたり、早期に野生復帰に向けたトレーニングに移行した方がよい場合も多い。治療と並行してリハビリテーションを開始することで、人や施設、人為的な生活になれることを防ぎ、野生の勘の消失を最小限に抑えるようにするのだ。

釧路湿原野生生物保護センターで治療を受けた、けがや病気の鳥の全てが野生に戻れるわけではない。命を取り留めたものの、後遺症などにより終生飼育を余儀なくされる者も少なくない。一方自然界では、体にけがの後遺症が残ってしまっていても、たくましく自活している個体は意外に多い。

日本列島を縦断することで知られるオオソリハシシギでは、片足の個体が翌年も同じ干潟に戻ってきているのを標識調査で確認している。また、翼を骨折したクマタカが1カ月以上も同じこずえに止まり続けた末、自力で治って再び飛ぶ力を取り戻したのを観察したこともある。収容されるけがや病気の鳥の中にも、昔負った骨折や外傷が治った痕跡が認められる者もいるし、片目の視力を失ったシマフクロウが立派に繁殖していることも分かっている。こうしたことから、治療により傷が癒えた鳥を野生に返す際には、例え後遺症が残ってしまったとしても可能な限り野生に返し、その生きる力に賭けてみたいと思っている。

こうした考えから、肘関節を複雑に骨折し、治療によって骨はつながったものの、翼がやや下がり気味になってしまったオジロワシについても、大型フライングケージの中で飛ぶ力のトレーニングをさせたのち野生復帰させた。また、事故により片方の視力を失ってしまったワシについてもリハビリを施した末に野生復帰させたが、その後の追跡調査によって自然界で自活していることが分かっている。最も重い後遺症が残った猛禽類の放鳥の例としては、感電事故に遭ったオジロワシがある。２００８年、根室市内で収容されたこのワシは、頭部から両脚にかけての広い範囲に高圧電流を浴びたとみられ、重度のやけどが認められた。集中治療の末、なんとか一命を取り留めたものの、右足の指２本、左足の指１本を手術によって切断しなければならなかった。さらにくちばしの一部もやけどによって大きく欠損し、見た目からはとても自然界で生活していけるようには思えなかった。残った半数の指だけで、長時間枝に止まったり、生きた獲物を捕ることができるのか。変形したくちばしで硬い生肉を引きちぎることができるのか。治療に関わった誰もがこの鳥の行く末を心配した。

しかしながら、リハビリのためフライングケージに移されたワシは、残った爪でしっかりと止まり木をつかみ、強風の中でもバランスを崩すことがなかった。また水を張ったバットの中に生きたウグイを放すと、最初こそ捕獲に苦労していたものの、徐々に餌捕りの要領を得ていった。最終的には簡単に活魚をつかみ捕り、少ない足指と変形したくちばしを使って器用に肉を引きちぎる光景を目にするようになった。

飛ぶ能力を取り戻すための訓練は、野生復帰に向けた肉体訓練のなかで最も重要だ。空を飛ぶことができない人間が猛禽類に飛ぶ技術を教えるためには、本来持っている習性を利用して飛ぶよう促す以外に方法はない。メディアなどでよく紹介される鷹匠（たかじょう）の技術を応用した方法は、餌で猛禽を呼び寄せたり腕に据えて飛び立たせるものであるが、野生の猛禽ばかりを扱っている私たちは、人間との接触を極力避け可能な限り速やかに野生復帰させるため、通常はこの方法を用いていない。リハビリテーションケージの構造を工夫し、ここでの日常生活の中で必要な運動を促すことによって筋力や飛ぶ技術を鍛え上げているのだ。

まず比較的短距離を飛びながら、枝から枝へ飛び移ることができる広さの中型フライングケージで、個室での入院生活を終えた猛禽のリハビリを開始する。ここでは特に筋肉に負荷のかかる上下方向の運動を促す。初期段階では、一番下の止まり木にすら上がれない個体もいる。常に地面を歩き回るようになると、止まり木に上がる気力すら失ってしまうものも出てくるため、足掛かりとなる枝をスロープ状に一番低い横枝まで橋渡しし、鳥が少しでも高い位置に止まるように促す。高みから辺りを見下ろせるようになると、猛禽の

中型のフライングケージ内で野生復帰の訓練を開始したオオワシとオジロワシ

精神状態は格段に安定し、次第に高所からの滑空や枝移りのための水平飛行を試みるようになる。

このフライングケージ内で、比較的短距離の飛翔（ひしょう）や高低差のある枝移り運動を十分行わせた後、猛禽を段階的により広いケージに移し、飛ぶ能力を高めていく。センター最大のフライングケージ（奥行き40メートル）の最奥には高さ10メートルにも及ぶ高い止まり木が、手前側には高さ1メートルほどの低い止まり木が設置されているが、それ以外に飛ぶ妨げとなる障害物はない。猛禽は高い所に止まりたがる習性があるため、ケージ内に放たれたワシは懸命に羽ばたき奥の止まり木を目指す。もちろん1回目のチャレンジで頂上を極める者もいるし、体を十分上昇させることができずに途中で着地する者もいる。しかし止まり木に到達できなかった猛禽も地上での生活を嫌い、毎日何回も果敢に上部に止まろうと試みるため、羽ばたき運動に使う胸筋が鍛えられてゆく。

高い止まり木に到達できたワシに対しては、次の段階のリハビリが生活の中で行われる。餌は手前の低い止まり木の近くに置かれるため、これにあり付くためには約40メートルの距離を毎回移動してこなくてはならない。高い場所から低い場所に移動する際、猛禽は翼を水平に保ちグライダーのように滑空（帆翔(はんしょう)）する。このとき羽ばたきに使うものとは別の筋肉を使用するため、1日の生活の中で羽ばたきと帆翔の技術が磨かれていくことになるのだ。食事の最中に他の個体からの邪魔などが入ると、ワシは再び奥の高い止まり木を目指し、時間を置いて再び餌場に戻る。この運動ができるだけ頻繁に行われるよう、飼育に当たっては餌の置き場所やタイミングに毎回工夫を凝らしている。

飛翔など身体機能の最終的な訓練は、野生復帰させた後に行うものと位置づけている。いかに広いリハビリ施設を作ろうとも、しょせん限られた閉鎖空間であるため、最終的な自然界への順応は放鳥後に野外で行ってもらうしかない。このため、野生復帰後の追跡調査を行い、必要に応じて人的なフォローアップすることを念頭に、屋内でのリハビリテーションを完了する時期の判断を行っている。

奥行き40メートルの巨大なフライングケージの中で、野生で自活していくための身体能力と精神状態を徐々に取り戻してゆく

餌を採るトレーニングも野生復帰のためには欠かせない。特に入院中は餌の種類や大きさ、与え方などが単調になってしまいがちなため、飼育管理にあたっては特段の注意が必要だ。もちろん入院動物の食事であるから栄養や消化に配慮しつつも、野生復帰を見据えて極力自然界で彼らが食べていたものを与えるよう努める。

人間と同じように動物にも嗜好性があり、長く飼育する中では食事のパターンを読み取られ、おいしいものが出てくるまでハンストをされることも少なくない。そこで多くの個体が好む食べ物については、特に経口薬を投与する必要があったり食欲がなくなっている個体に対しては積極的に与えるものの、それ以外の個体に対してはあるものをしっかり食べるように仕向けるための献立を考えている。

活魚を主食としているシマフクロウは、ケージ内に設けられた給餌池に生きた魚を放し餌を採る訓練を行う。ここでは餌となる魚の種類や大きさ、そして密度をたびたび変えるとともに、池の水深や流れを変化させるなどさまざまな環境をつくり上げ、野生復帰した際に多様な環境に適応できるよう経験を積ませる。

危険回避は本能頼り

自然界で生きていく上で、鳥たちはさまざまな危険に直面する。猛禽類（もうきん）といえども、若い個体や病み上がりの個体は、キツネやテン、カラスの群れなどによる攻撃を受ける可能性がある。最も重要なのは人間との関わりだ。釣り人やハンター、キャンパーや山菜採りの人など、自然界の中でもさまざまな人間と出合うことが想定される。このようにいろいろな場面で危険を回避しながら生きていかなければならない。成鳥や亜成鳥など、野生での生活を経験している個体は、警戒心を失わせないように飼育するが、ひなや幼鳥、長期間入院生活を強いられた若い個体はいろいろなものに対して興味を示し、警戒しながらも自ら近づいていってしまうことも考えられる。危害を加える可能性のある動物との接し方について人間が完全に教え込むのは至難の技で、動物自身の本能に頼るところが大きい。

リハビリの最終段階で用いる大型のフライングケージは、池や湿原に近接し、すぐ近くの森林が見える場所に建てられている。壁面や天井は網でできており、風や雨、雪の洗礼を自然界で生きている動物と同じように受ける。眼下には餌となるカモ類なども見え、ケージを支える柱には野生復帰した際に対峙しなければならないカラスのほか、オオワシやオジロワシなどの同種も止まる。さらにケージ内に入れないような対策がとられているものの、飼育施設の周りを徘徊するキツネなどを目撃する機会も多いだろう。このような、ほぼ自然と同じような環境下に動物をさらすことにより、忘れかけていた野生の本能を呼び覚ましていくのである。

幸い、ケージに近付くカラスやキツネなどに対して、多くの猛禽類は興味を示しながらも大いに警戒することが確認されている。私たち人間にできるのは、人に対して適切な行動をとらせることで、リハビリの最終段階に入った鳥に人に対する一定の警戒心を抱かせるようにすることだ。

自然界に帰った後に人間と全く接点を持たずに一生を終えるのは、現在ではもはや不可能に近い。単に人間に対して強い警戒心があるだけでは、簡単に生息地を捨ててしまったり、営巣を放棄してしまう可能性があり好ましくない。警戒をしつつも、出合った人との距離を測り、その時々で適切な行動を取るように仕向けなければならない。このため、通常はケージへの人の接近や立ち入りを必要最小限に抑えると同時に、動物の行動を観察しながら人間が計画的にゆっくりと近づき、人との距離に応じた諸行動を経験的に覚えさせると同時に、観察、警戒、逃避に至るまでの行動の変化を記録するようにしている。

リハビリテーション期間中は、複数の同種と「同居」させてリハビリを行うようにしているが、これは人なれを防ぐとともに鳥同士のコミュニケーションを促し、さらには競争力を取り戻させることを目的としている。別個体の存在は、限られた餌を奪い合う際のライバルであると同時に、相手の行動が食べられるものの在りかを察知する役にも立つ。また外敵の接近などの異常事態にいち早く気付くために、他の個体の行動を観察することは重要だ。野生動物は常に周囲の状況にアンテナを向け、得られた情報を有効に活用しながら生活している。

野生復帰間近となったワシは、必要に応じて自然界で生活圏を共にしている別種と「同居」させることもある。中でもオオワシとオジロワシを同じ大型のケージ内で飼育することが多い。特に冬季の北海道はこの2種が同じ環境下で生活していることから、長期間同じ種のみとしか接点がなかった個体に対して、互いの存在を意識させ、また時に競わせることを狙い、野生復帰へ向けての「同居」を命じるのだ。

感電事故に遭ったものの、九死に一生を得て野に帰るオジロワシ。両脚とくちばしに重いやけどを負い、足指4本を失ったものの、リハビリによって自活能力を取り戻した

リハビリ中の個体が野生復帰できる状態に至ったか否かの判断は単純ではない。判断材料として私たちが最も重きを置いているのは、野生で生活している同種の行動や身体能力を感覚的に把握し、その状態にどの程度近づいているかということだ。そのため、常日ごろから野生猛禽類の生態観察を行い、彼らのライフスタイルや健常な個体の行動をできるだけ多角的な観点から把握するよう心掛けている。

野生へ――復帰の判断と方法

治療とリハビリを経て、自然界でも生活していける可能性が高いと判断された鳥は、晴れて野生復帰の時を迎える。野生復帰は、基本的に収容地もしくはその近隣で行われるが、当地に危険な構造物があったり生息に適した環境要因が整っていないと判断された場合には別の場所で行われることもある。その鳥本来の生息環境であるかどうかは、種としての地理的な分布に加えて、季節的な分布も大きく関わってくる。ある場所で夏に見られる鳥が、冬にも生息しているとは限らないからだ。ハチを食べる猛禽（もうきん）であるハチクマは、北海道では夏鳥だが、この鳥を冬になってから夏に収容した場所に放すわけにはいかない。このため、もしも冬季に放鳥するのであれば、越冬地まで運んで野生復帰させなければならない。実際に、夏に北海道で収容したミサゴを環境省了承の下で、冬に本州以南（渡りルート上の越冬地）まで運んで放鳥したことがある。

逆に、冬鳥として渡来するオオワシを夏に放鳥することは避けている。本種の採餌環境としては夏季のほうが充実していることは明らかだが、この種が季節的に分布していない以上生態系のかく乱を可能な限り防ぐ配慮が必要だからである。この場合は、夏の間リハビリケージの中でしっかりと運動させ、オオワシが再び渡ってくる晩秋を待って放鳥している。

野生復帰は救護に携わった人にとって待ちに待った瞬間だ。手や輸送箱から元気よく飛び立ち、野生に返っていく姿は実に感動的だ。しかしながら、現実の自然界は思いのほか厳しい。飼育環境と自然界の間には　非常に大きなギャップがあるのだ。可能な限り、その時々で餌が豊富にある場所を選び放鳥しているものの、急激な変化についていけないで餓死する可能性もある。

飼育環境と自然界の間にある差を少しでも埋めるため、緩やかに環境に順応させながら自然界で自活できる能力を取り戻させる野生復帰の仕方をソフトリリースという。ソフトリリースにはいろいろな方法があるが、主に補助的な人工給餌を行うことによって野生復帰後の個体をアシストすることがよく行われてきた。

欧米ではハッキングバックと呼ばれる方法で、給餌箱などを用いてタカやハヤブサを野生復帰させる試みが以前より行われている。スコットランドのオジロワシの再導入計画でも、育雛（いくすう）ケージから出た幼鳥が容易に餌にありつけるように、特定の場所に魚などを給餌して野生復帰後の生存率を高めることに成功している。センターで治療・リハビリを終えた猛禽類を野生復帰させる際にも補助給餌を行うことがある。特に野生経験の少ないワシ類の幼鳥や生きた魚を主食としているシマフクロウについては、放鳥計画の一角にこの方法が位置づけられている。

補助給餌を行う際にはいくつか注意すべき点がある。まず、飼育下で与えていたものと同じ餌を与え、さらにその依存度を段階的に下げてゆき自然界で捕れる餌に徐々に移行させること。そして給餌場の安全確保である。野生復帰後のアシストに関する技術はまだ発展途上であり、さまざまな種を対象に多くの実績を重ねることにより、より効果あるものを確立していく必要がある。

治療後に野生復帰させた個体が自然界で自活できているかどうかを知ることは容易ではない。しかしながら、傷ついた動物の救護を人間の自己満足に終わらせないためにも、野生復帰させた動物の予後を追跡することを試みるべきだ。特定の動物の動向を調査するためには、個体識別を行う必要がある。個体識別の方法はさまざまであるが、鳥類では足環（あしわ）などの標識を装着する方法が一般的だ。

捕獲せずとも遠方から色や番号を視認できるものもあるが、色や文字、記号の組み合わせが限られていることから、文字と数字からなる固有の組み合わせが刻印された金属の足環を装着することが多い。日本には環境省が発行している標識足環が存在し、渡りなど野鳥の行動を調べるために用いられている。環境省の鳥類標識調査として使用されているリングであるため、同省や関係機関の許可の元で利用することになるが、自然界で正常な生態を営むことが見込めない個体については装着すべきではない。この方法は、恒久的に個体を識別することができ、主に生体捕獲や死体収容された場合に個体を識別することができる。

自然界での生活にやや不安が残る個体を放鳥する際や、シマフクロウを計画的に新しい生息地に放鳥する場合、発信機による追跡調査を実施している。現在はいろいろなタイプのものが開発され、地上波を用いた古典的なものから、GPS機能を持ち人工衛星を介してデータを回収する最新式のものまで数多くの機種が存在する。また位置情報だけではなく、さまざまなセンサーで動物の行動を把握したり、衰弱や死亡により動物が動かなくなった際に緊急信号を発するようなものもある。電気機器であるために一般的に電池の寿命が

背中に発信機を装着された放鳥前のクマタカ

尽きた段階でその役目を終えるが、近年では太陽電池を用いて半永久的に機能するものも開発されている。

　これらの機器を野生復帰させる個体に装着する場合、当然のことながら鳥の負担になるようではならない。一般的には、装着具の重さが鳥の体重の4パーセント以内に収まるように配慮する必要があるとされており、各メーカー間でいかに高機能かつ軽量のものを開発できるかしのぎを削っている。また電池が尽きた発信機が鳥に不要な負担をかけないよう、羽毛に装着して換羽（羽毛の生え替わり）とともに脱落させたり、経年劣化によって切れるリボンで装着するなどの工夫が用いられている。

アンテナを使って発信機からの電波を受信し、
放鳥した個体の位置を割り出す

GPSロガー送信機によって明らかになった放鳥した
オジロワシの行動。緑色の線が個体の移動軌跡

野生復帰させる猛禽類には、特に位置情報と緊急時信号の送信機能を持つ発信機を装着することが多い。緊急時信号とは、一定の時間内に発信機が上下左右前後に動かない場合、通常とは異なる間隔のパルスを発信するものである。早期にこの信号をキャッチできた場合には個体の救護につながり、最悪の場合でも死体を回収し死因を究明することができるのである。

足環による個体識別と発信機による行動追跡で、放鳥した個体が自然界で自活できているか否かを確認することや、野生復帰に至るまでの治療や飼育が適切だったかの検証を行うことができ、得られた情報を次の救護活動に生かすことができるのである。これらの調査範囲は時に国境をまたぐこともあり、生態学の知識を必要とする場面も多いことから、多くの分野の専門家と協力して実施することが望ましい。

フライングケージの天井すれすれを滑空するオオワシ。野生に返る日も間近だ

＊治療室から＊

リハビリを重ね、輝く姿復活

ある年のクリスマスが迫った夜、衰弱したワシが網走で保護されたとの一報が入った。雪道を駆けつけると、全身びしょぬれのオオワシが段ボール箱の中で震えていた。何らかの原因で能取湖に落ち、薄氷を割りながら必死で泳いでいたとのこと。何とか自力で氷上に戻ろうともがいたらしく、胸部や両翼の裏、そして足指がひどく擦りむけ鮮血がしたたり落ちる。気丈にも私を見上げて威嚇してくることから、生きようとする気力だけは残っているようだ。

すぐさま釧路の野生生物保護センター治療室に搬送し、ドライヤーで全身を温めながら検査や治療を進める。塩水を大量に飲んだらしく脱水症状がひどい。輸液が功を奏し、ようやく容態が落ち着いたころには日付が変わっていた。

傷の回復は比較的早かったが、それに伴い入院室での生活がストレスとなった。窓枠に飛びついては再び翼を傷つける。このため、このワシを異例の早さでフライングケージに移し、野生復帰のための訓練を開始することにした。当初、自分の体重をほとんど空中に浮かせることができなかったが、寸暇を惜しんでリハビリを続け、大みそかには何とか一番低い止まり木までよじ登れるようになった。

新春の初夢にはタカの代わりに、このオオワシが登場した。翌朝センターに着くなりケージをのぞくと、最も高い止まり木に青空をバックにりんとして胸を張る1羽がいた。野生に返る日が近いことを察してか、輝きを取り戻した彼のまなざしは、すでに網の向こう側を見据えているようである。

5章　未来へ——

厳しい台所事情の中で

猛禽類医学研究所が活動の拠点としている釧路湿原野生生物保護センターは、環境省の施設である。同省から委託され、私たちは主に希少野生動物の治療や野生復帰、けがや病気による死因の究明などに当たってきた。驚く人もいるかもしれないが、センターには環境省から提供された医療機器はほとんどない。また、野生動物の治療そのものに対して独立した費目として予算がつけられている訳ではなく、センターで行われているさまざまな希少種の保護活動の一部として項目に盛り込まれているに過ぎない。従って、例えばある年に非常に多くの個体が収容されたり、長期間の入院やリハビリを必要とされる個体が多くなった場合、必要な検査や薬剤に関わる費用、餌代までは到底賄いきれないのだ。

さらに、特にリハビリの過程で生きたマスなどを捕らせる必要があるシマフクロウや、大食漢のオオワシやオジロワシを多数飼育していることに加え、後遺症などにより野生に

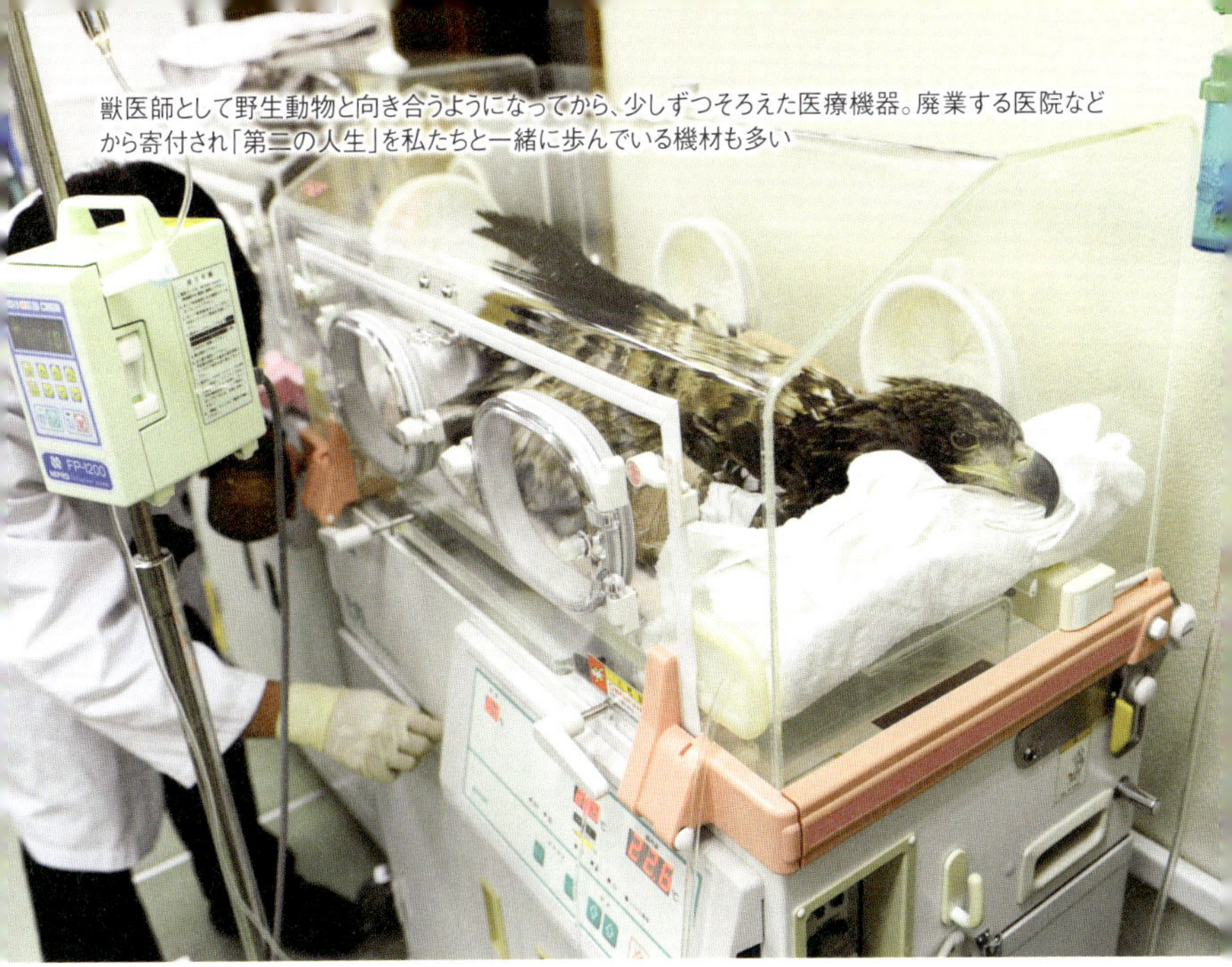

獣医師として野生動物と向き合うようになってから、少しずつそろえた医療機器。廃業する医院などから寄付され「第二の人生」を私たちと一緒に歩んでいる機材も多い

返れない長寿の鳥を20羽以上も抱えている現状では、治療や飼育の経費に加えて施設の収容能力に関しても、限界に近い状況が続いている。センターでの業務に限らず、北海道の希少種保護にかけられる環境省の予算は、総合的に見ると年々大幅に減少しており、現場の状況は逼迫しているのだ。

獣医師がどんなに知識や技術があろうとも、必要な医療機器や機材がないと思うような治療が行えない。傷ついた命と日々向き合っている獣医師にとっては、このような歯がゆい状態が一番つらい。

野生動物の保護や救護に、個人としても本格的に取り組む決心をしてから、国からの委託事業とは全く別の仕事で得た収入をことごとく注ぎ込み、本格的な治療に必要な医療機器を一つ一つそろえていった。時には廃業を決めた個人病院が、野生動物の治療に使ってもらいたいと医療機器を寄付してくれたこともある。現在では、電気メスや超音波画像診断装置、ガス麻酔、内視鏡などを活用し、志を同じくするスタッフとともに獣医診療を行っている。

また、さまざまな症例を経験していく中で、必要に迫られて多くの技術を学ばせてもらった。例えば、一般的にはあまり行われていない野生鳥類の輸血なども、後遺症などにより野生に返ることができなくなった飼育個体にドナーとして手伝ってもらい、失血を伴う外傷や重い鉛中毒に対する治療の一環として行うことができるようになった。

最近では、新しい診療技術を培うことができたのは、診療に関わる機器や専門スタッフが乏しい中で多くの症例を診てきたことによる「けがの功名」なのかもしれないと考えている。

苦い経験が生んだ診療具

長年、猛禽類を相手に診療を行っている過程で、いくつもの仕事の道具が生まれた。そのほとんどが必要に迫られて、一から考案したものだが、中にはこれまで全く別の用途で広く使われているものを改良したケースもある。

　猛禽類を安全に取り扱う上で欠かせない革製の手袋については、これまで主に保定者（動物が暴れないように麻酔をかけ動けなくする役割の人）が使用していた。保定者とともに診療を行う場合、獣医師は薄手の医療用手袋をつけて診察や治療に臨むが、その時どうしても自身に対する防護機能が失われてしまう。細やかな指の動きを妨げず、それでいて猛禽の爪やくちばしから身を守ることができる、診療用の革手袋を作ることはできないだろうか。そんな考えが現実のものとなった。ある機会に、海外で個体数管理のために捕獲されているキョン（偶蹄目シカ科の哺乳動物）の革を取り扱う奈良県の工房経営者と知り合い、この革を使えば私の思い描く猛禽類診療用の革手袋が実現できるかもしれないとの情報を得たのだ。

　キョンの革は薄いにも関わらず、非常にきめが細かくしなやかで、とがったもので突いても貫通しにくいとのことだった。さらに適切に洗浄すれば、その質感や特性を失うこともなく、長期の使用にも耐えるらしい。これらの特性を生かし、その昔は高級な武具などにも使用されていたという。またシカ革は、古来より日本におけるタカ狩りの道具にも多用されている。製作にあたっては私たちの使い勝手を最優先し、指や手首の動きを妨げないデザイン、指先の繊細な動きや触感を可能な限り維持、そして手の甲や手首、腕にかけては必要最低限の防護機能を持たせてもらったのだ。素材の選定から型の切り出し、縫製に至るまで、全て熟練の職人が担当し、最初の試作品が完成した。これを実際に猛禽類診療の現場で試用し、難点が見つかるたびに改良を重ねていった。最終的に、当初思い描いていた機能を全て持つ猛禽類診療用の革手袋が完成し、現在併せて開発した保定用のキョン革手袋とともに猛禽類救護の最前線で活躍している。

猛禽類を取り扱う上で、本来の目的とは全く違った使われ方をするため、特殊な改良が加えられた仕事の道具の代表格が、オオワシやシマフクロウを診察する際、必ず身につけることにしている猛禽類診療用のバングル（腕輪）だ。猛禽類を取り扱う際に金属製の腕輪を身に着けるようになったのは、忘れることができない、ある事件がきっかけになっている。

18年ほど前、事故で大腿骨を骨折したオオワシが治療室に運び込まれた。ちょうど休日だったこともあり、私はたった１人でこの大物の治療に当たった。ジャケットと呼ばれる特殊な拘束衣を使ってワシが暴れないようにしっかりと保定し、診療の妨げにならない薄手の革手袋を着用して診察に臨んだ。大型猛禽類を診る獣医師としての経験がまだ浅かった私は、ワシの患部に気を取られ、鳥の行動や感情を読み取る努力を怠ってしまった。

１人での診療だったため、診察台からオオワシが落下するのを防ぐため、床の上に仰向

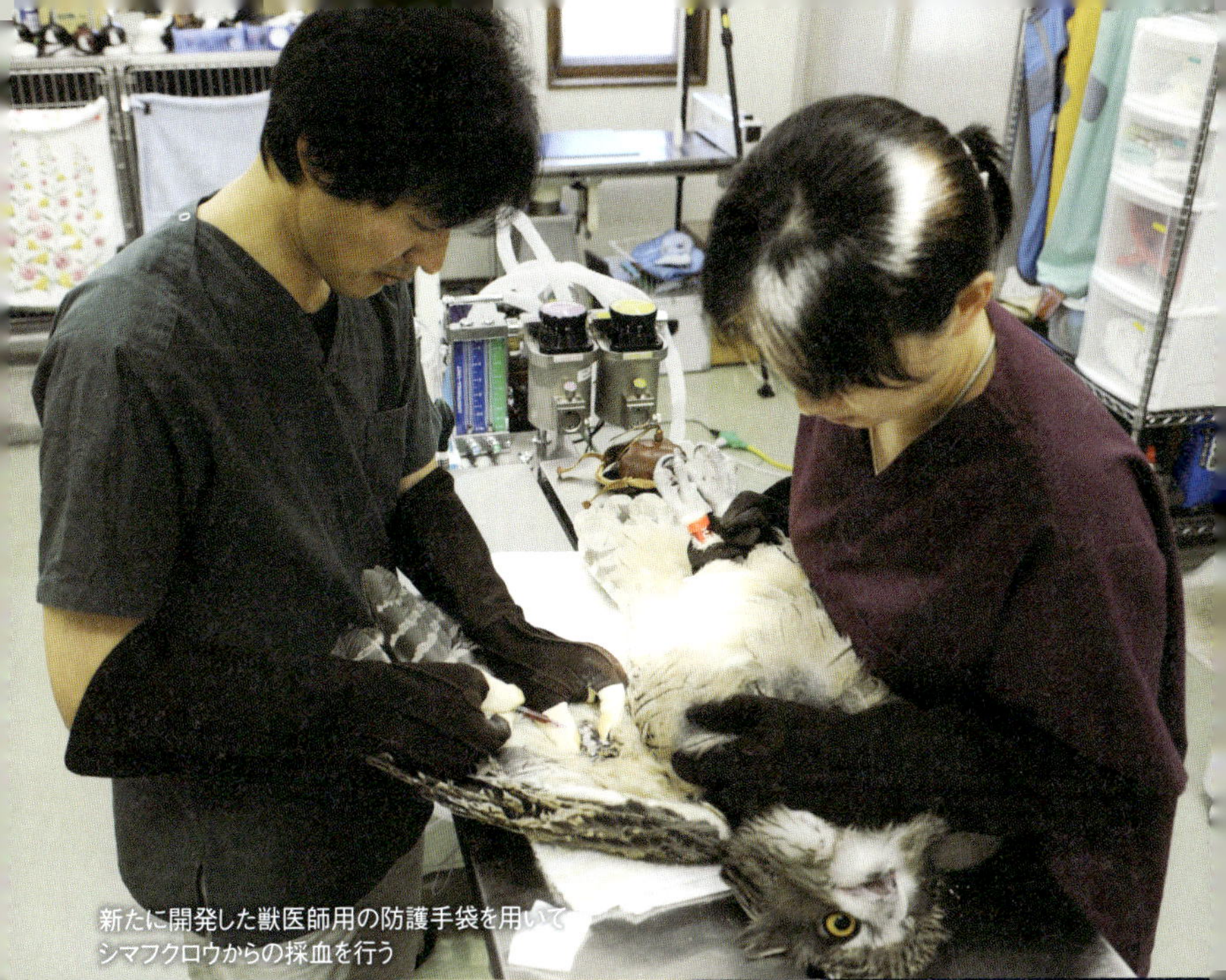

新たに開発した獣医師用の防護手袋を用いて
シマフクロウからの採血を行う

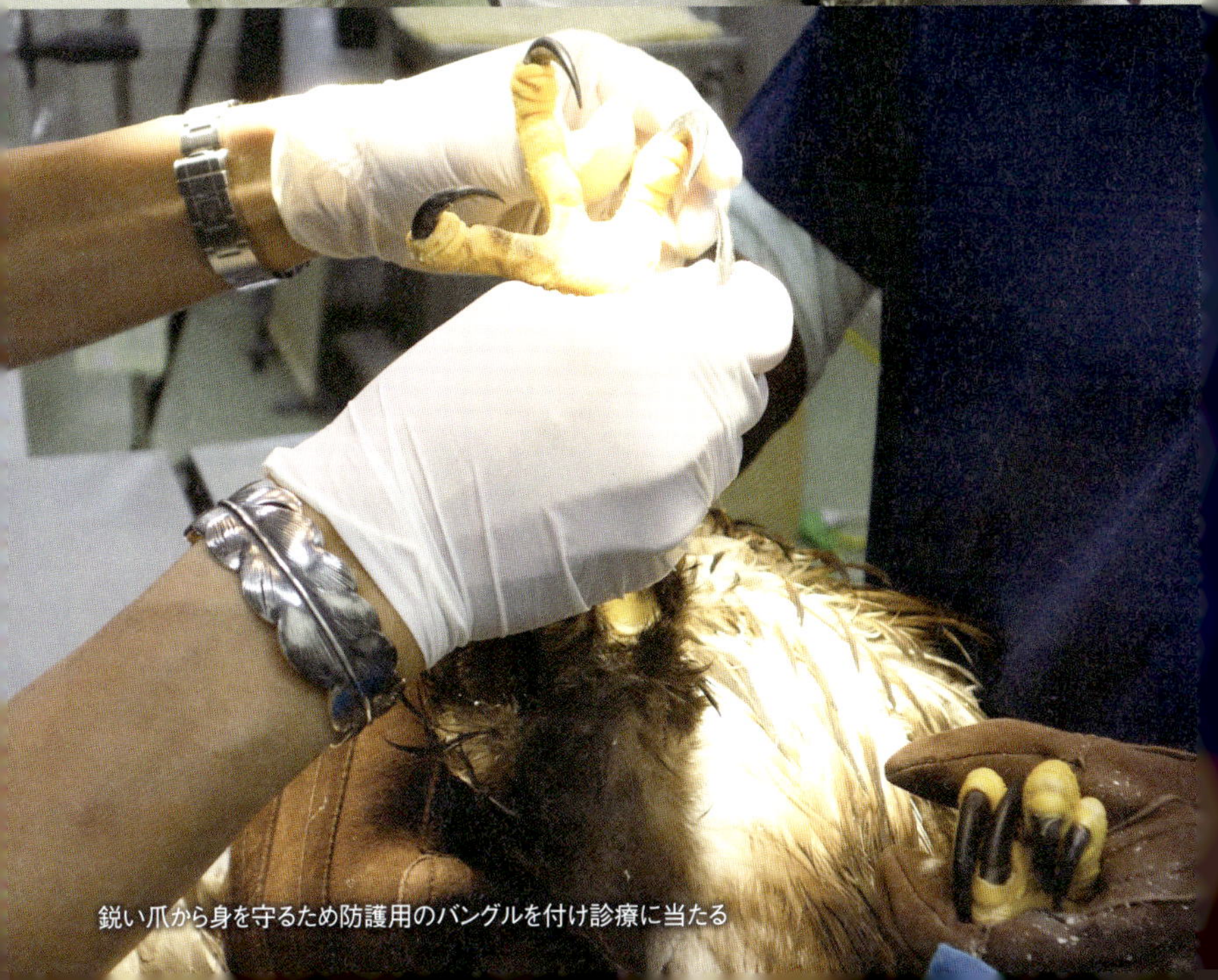

鋭い爪から身を守るため防護用のバングルを付け診療に当たる

けに寝かせて診察を開始した。傷ついた左脚を診ていると、不意に左手首に激痛を感じた。ワシのすさまじい力でジャケットが緩み、その隙間から自由になったワシの右趾が伸び出て私の左腕をつかんだのだ。鋭いかぎ爪が牛革の手袋ごと私の手首を貫通し、裂けた傷口から熱い鮮血が床にしたたり落ちた。思わず右手を使って食い込んだ爪を引き抜こうとした瞬間、解き放たれたワシの左趾が今度は私の右手の自由までも奪い取った。両手に手錠を掛けられたような状態が一体何分間続いただろう。少しでも身動きしようものなら、オオワシはつかんだ私の両腕を本能的に絞り上げる。床面に広がっていく血だまりを見詰めながら、最悪の事態が頭をよぎった。

その時、ふと1枚のタオルが目に留まった。私はとっさにそれを口でくわえ、オオワシの顔面目がけて思い切り投げつけた。次の瞬間、ワシは私の両腕を手放し、投げつけられたタオルに渾身の力でつかみかかった。一瞬の出来事。双方とも本能による行動だったのだろう。

以来、猛禽を診る時、私は左腕には頑丈な時計、右手首には金属製のバングルを巻き、何度もワシやシマフクロウの鋭い爪をしのいできた。あれから十数年、長く私の手首を守ってきたバングルを新調することにし、詳細な仕様を示した上で、磁気を帯びないシルバー製のものをオーダーした。必要十分な強度があることはもちろん、診療する猛禽への敬意

毎日医療用として使われているバングルは、あまり無いのではないだろうか

を表してコタンコロカムイ（シマフクロウ）の風切羽と足跡をデザインに取り入れてもらった。数カ月にわたる制作者との綿密なやりとりの末、ようやく現物が手元に届いた。これから診療の現場で守護神として活躍してくれるに違いない。

野生に返れぬ者たちの行方

釧路湿原野生生物保護センターには、さまざまな原因で傷ついたり、病気になった野生動物が連日のように運び込まれてくる。けがや病気でセンターに運び込まれてきた動物たちは、獣医師によって可能な限りの治療が施されるが、残念ながら、その全てが野生に戻れるわけではない。なんとか一命を取り留めたものの、重度の後遺症が残ってしまう個体も少なくないのだ。最終的に野生復帰に至るけがや病気の動物は、生きて収容されたものの4割ほどに過ぎない。

絶滅の危機に瀕した野生動物については、重要感染症にかかっているなど、よほど特別な理由がない限り、安楽殺という選択肢がない。終生飼育を余儀なくされた野生動物に対しては、動物福祉の観点からも、可能な限り快適な余生を過ごしてもらえるよう努力している。しかしながら、国の施設ですら、すでに治療行為が終わり、野生に戻る見込みがないと判断された動物に対する専用の予算が確保されていないのが現状なのは前述の通りだ。現在も野生生物保護センターでは、医薬品や医療用品に充てるべき経費を食費に回してしまい獣医療の質を下げないために、研究所の職員は自ら釣りに出かけたり、漁業関係者や養禽(ようきん)農家を回り、雑魚や廃鶏、ウズラの寄付を頼み込むことは日常茶飯事だ。さらに個人としては、講演会や執筆など、治療などとは別の仕事で得た資金を、飼育動物の餌代に回すなどして何とか窮地をしのいでいる状況が何年も続いている。

終生飼育している動物の中には、日常生活の維持管理に際して非常に手がかかるものもおり、例えば列車事故で下半身不随となったオジロワシの症例では、職員が手作りしたハンモックにつった状態で、毎日人の手を介して給餌や排泄の世話が行われた。

野生生物保護センターにおいては、野生に戻れない動物の飼育数が多くなればなるほど、飼育施設の収容能力の限界や必要経費、労力などの面から、本来の目的であるけがや病気の鳥獣の救護活動を圧迫しかねない。終生飼育することが決定した動物に対しては、動物園などに対して引き取りを打診しているものの、外見から後遺症の存在が明らかに分かるものは、なかなか受け手がないのが実情である。特に北海道で保護される希少猛禽類についてては、オオワシやオジロワシなどの超大型種が多いため、飼育施設が引き取りをちゅうちょすることが多いのだ。一般に大型猛禽類の寿命は非常に長い。もっとも、シマフクロウのように非常に数が少ない「珍しい種」についてはまだしも、オオワシやオジロワシなど、毎年それなりの数が保護収容される種については、継続的に引き取り手を探すにも限界がある。野生に戻れない者たちを、何の目的もないまま長期にわたって飼い続けることは、本事業に税金が投入されていることもあり、必ずしも一般市民に理解を得られるとは限らない。

野生に返ることができない動物たちとどう向き合うべきか……私は日頃考えることが多くなった。悩み抜いた末、私なりに導き出した答えは、彼らが〝生きていることの意義〟を見いだすこと。そして、特に野生の仲間たちに自分たちと同じ苦痛を味わわせないため、自ら一役買ってもらえないだろうかと考えたのだ。たとえ野生に返すことができなくとも、彼らを引き続き飼育していくことの意義を社会に対して明確に示すことができれば、野生動物の現状をより具体的に知ってもらう契機となるとともに、環境治療などの保全活動に対しても、もっと共感が得られるのではないか。さらに生息環境を改善するためのさまざまな取り組みに、自ら被害に遭っている動物の立場で参加してもらい、彼らの生息環境をより効果的に健全なものにすることができるのではないかと考えた。

センターに運ばれてくる大型猛禽類の多くが事故によって傷ついており、特に車や列車による交通事故、感電、バードストライクなどが特に多いことは前述した。現在、私たちは彼らが体に負った傷の状況や収容時の状況などから事故に至った経緯を推察し、その後に行う現場検証の結果などと照らし合わせて、より緻密な検証を行っている。このような作業によってもたらされるさまざまな情報をもとに、同様の事故を防ぐための手立てを模索しているのだ。さらに、事故の発生状況を推察したり、事故を防ぐための器具を開発する際に、野生に戻れなくなった飼育動物に検証実験や効果試験の被験者という立場で手伝ってもらっている。

実際に事故に遭っている「本人」たちが自ら検証に参加しているのだから、得られる結果の信ぴょう性は極めて高い。特に希少な大型鳥類については、これらの実地試験を行える施設がほとんどないことから、釧路湿原野生生物保護センターが担う役割と意義はとても大きい。例えば、10年ほど前から開発を始めた感電事故を防止する器具。どのような形状の器具を電柱上のどの場所に設置すれば、猛禽類が危険な箇所に止まらず済むか。試作したものを大型ケージの中に設置し、終生飼育している猛禽にその効果を検証してもらっている。現在では、交通事故や発電用風車への衝突の防止につながる基礎試験も終生飼育を

フライングケージの中でオオワシに協力してもらい、送電鉄塔への止まりを防止するための山切り鋼の効果を検証する

感電事故の被害が多いオジロワシとともに新型のバードチェッカーを開発する

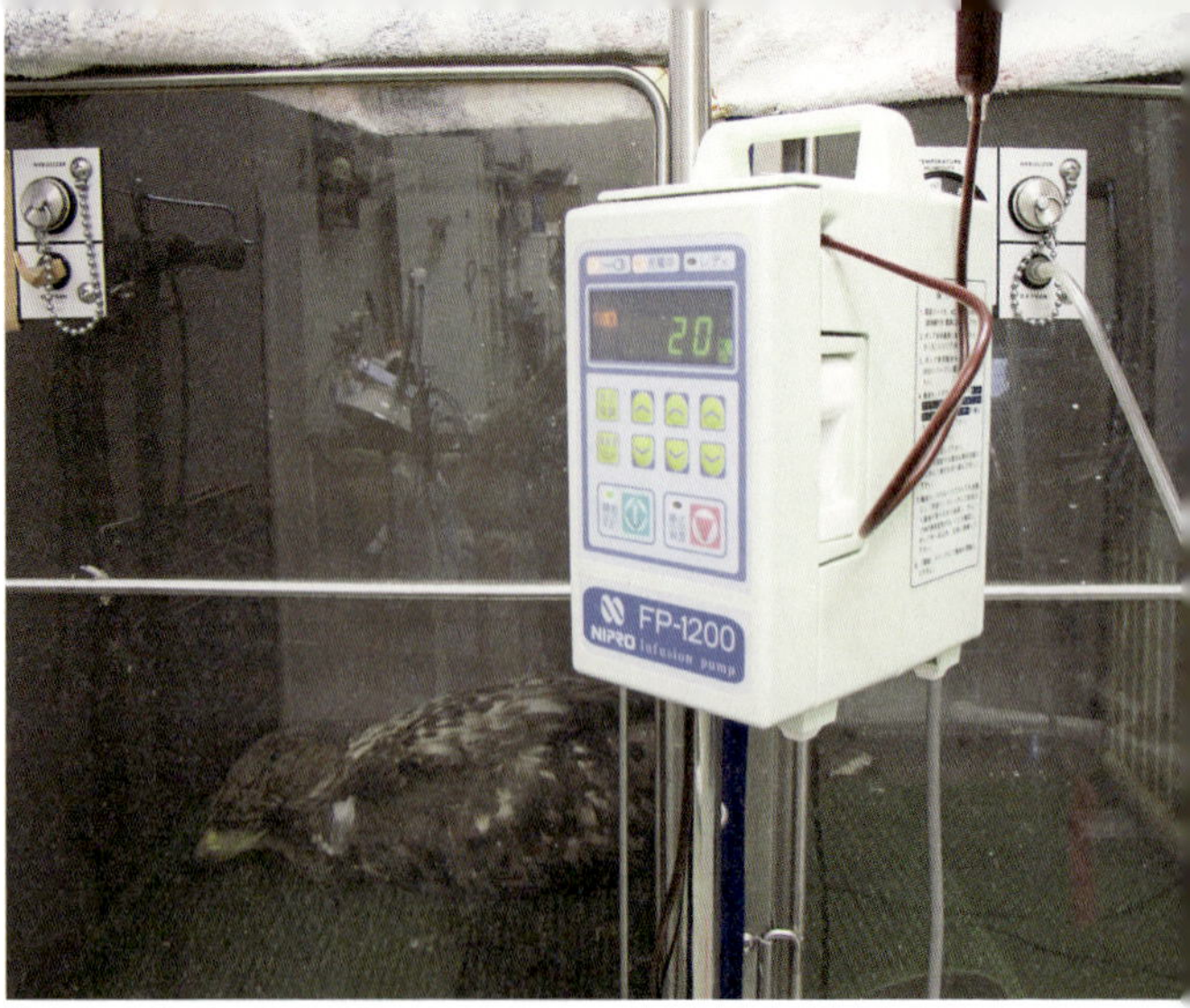

輸血される瀕死のオジロワシ

余儀なくされた動物たちの協力を得て行っている。

さらにけがや病気の鳥の救護の場面においても、彼らの存在意義はとても大きい。事故に遭った猛禽類は、大量出血により重度の貧血に陥っているものが少なくない。そのままの状態では麻酔や外科手術に耐えられない場合も多く、このような症例に対しては積極的に輸血を行っている。この時、輸血のドナーとして供血に協力してくれているのが、野生に戻れない動物たちなのである。

普段人目に付かない救護施設のバックヤードで、今日も活躍する彼らの生き様をもっと多くの人に知ってもらい、応援してもらいたい。私はそう願っている。

自然界からの「親善大使」

釧路湿原野生生物保護センターでは、収容された野生動物にあえて名前を付けないことにしている。名前を付けることによって、救護に携わる獣医師や飼育スタッフが入院中の動物と密に接しすぎ、自然界への復帰を目指す者たちが人なれを起こしてしまうのを防ぐためだ。

そんな中、たった1羽だけ愛称で呼ばれているシマフクロウがいる。2011年の春、巣立つことができずに保護されたそのシマフクロウは、同じ日齢の正常なひなと比べて二周りも小さかったことから、「チビ」と名付けられた。ふ化時、卵の外に出てくるまでに通常の3倍もの時間がかかり、成長は遅く、兄弟が巣立った後も巣の中に取り残された。いつまでたっても入り口から飛び立つことができなかったため、捕獲して慎重に診察したところ、眼球や羽毛など右半身の器官に成長不良や形態の異常がみられ、先天性疾患の疑いが濃厚と診断された。さらに入院中、大きな音や視覚的なストレスが加わると、頭部が上下逆転してしまう中枢神経性の発作を起こすことも判明した。近年の研究では、シマフクロウの遺伝的多様性は極めて低いことが分かっている。自分のテリトリーを求め親元か

巣立つことができず、保護されたばかりのチビ。眼球や羽毛など右半身に発育障害が認められた

過度の心理的ストレスが加わると頭部が上下逆転してしまう発作を起こす

収容から間もないチビ。できるだけ不安を感じさせないよう飼育室に青葉をふんだんに運び込んだ

母親役の渡辺獣医とともに雪の湿原を散歩するチビ。チビに親善大使として活躍してもらうために大切なのは、むやみに人になれさせることではなく、お互いの信頼関係を築くこと

ら分散した若鳥が、周辺環境が劣悪なため出生地に戻り、自らの親とつがいになってしまった事例も確認されている。チビの障害が、近交弱勢によるものであるかどうかは不明だが、生息環境の悪化は紛れもなく人間が招いたものであり、チビのように障害を持った個体が生まれた背景の一つになっている可能性は否定できない。

こうした重度の障害をもった動物が、治療やリハビリによって自然界で自活できるための能力を獲得することは非常に難しく、また遺伝的な異常が心配される鳥を繁殖させてその子どもを野生に放すわけにはいかない。一生飼育下に置かざるを得ないチビの取り扱いについては行政や研究者の間でさまざまな議論がなされ、中にはこの個体をシマフクロウの保全に活用することに対して否定的な意見もあった。しかしながら、私にはこのシマフクロウが奇跡の鳥に思えてならなかった。野生に返せない科学的な根拠があるのであれば、飼育によるストレスが生じないように、あえて人との間に親密な信頼関係を築き、自然界を代表するシマフクロウ親善大使になってもらおうと考えたのである。

シマフクロウは生息数が少ないことに加え、夜行性であるため、一般市民がタンチョウと同じような頻度で目にし親近感を持つことは難しい。このため、シマフクロウの魅力や同種の保全活動をより深く知ってもらうため、チビに一役買ってもらおうという試みが始まった。約1年間かけてスタッフとの間に信頼関係を築き上げ、ちょうど生後1年目の春、

子どもたちの手を受け入れるチビ。温かさ、柔らかさ、力強さ、そして共生したいという気持ち――。チビが人間に教えてくれるものは計り知れない

テレビ番組に生出演したチビ。野生動物のことを知ってもらい、目を向けてもらうこと。これが共生への第一歩だ(阿部幹雄撮影、協力:HTB)

シマフクロウ界からの親善大使として子どもたちの注目を浴びるチビ

釧路市内の環境イベントでチビは子どもたちの前にデビューした。目を輝かせ、獣医師の話を食い入るように聞き、生きたシマフクロウの柔らかな羽毛にそっと触れてほほ笑む子どもたちの姿を見て、チビは立派に生きる意義を持って生まれてきたのだと胸が熱くなった。

2013年春、2度目の誕生日を迎えたチビは、新たな挑戦に臨んだ。より多くの市民にシマフクロウの素晴らしさと現状を知ってもらうことを目的に、テレビ番組に生出演することになったのだ。環境省の了解と綿密な計画のもと、チビは私たち獣医師とともに、札幌の北海道テレビ放送（HTB）を訪れた。局ではVIP待遇。専用の控え室が用意され、本番の雰囲気になれさせるためにスタジオ内でのリハーサルまで準備された。そして、いよいよ本番。自然界からの親善大使としてのチビの活躍がVTRで流れた後、母親役となっている渡辺有希子獣医師の腕にとまったチビが登場。番組のパーソナリティーにそっと胸の羽毛をなでられても穏やかな表情で許容する姿に、1年間の大きな成長を感じた。そして、一瞬フワリと広げたその翼の大きさと美しさに、スタジオ内は感嘆の声に包まれ、チビの番組デビューは無事終了したのである。

野生に返れない動物たちの代表として自分の使命を果たすその姿は、見る者の心を揺さぶり大きな感動を与えた。障害を持ちながらも、自分にしかない「生きる意義」をしっかりと見いだしたチビ。さらなる活躍を大いに期待したい。

終わりに——若者たちへ伝えたいこと

力強く羽ばたくオオワシの幼鳥。野生動物の獣医師を目指そうと思う若者が1人でも増え、広い視野を持ちながら思いっきり羽ばたいてもらいたいと願っている

私はこの約20年間、傷ついた野生動物と毎日向き合う生活を送ってきた。彼らを治療する中で強く感じるのは、人間による影響が彼らの生活の奥深くまで入り込み、知らない間に彼らを傷つけ、生活の場まで奪ってしまっている事実だ。はるか昔から同じ生態系の一員として共に暮らしてきた野生動物たちは、私たちにとってまるで空気のような存在で、慌ただしい現代社会の中、私たちはいつの間にかその姿を見失っているのではないだろうか。

「多くの偶然が重なって私の手の中にたどり着いた野生動物たちは、いったい私に何を訴えかけているのだろう、何をしてほしいのだろう」——。いつの頃からかそのように考えるようになった。生態系を構成する一員である彼らが、これほどまでに傷つき苦しむ自然界は一体どうなっているのだろう。そのような疑問に思い巡らせている中で、傷ついた野生動物こそが病んだ生息環境を映す鏡、すなわち自然界からのメッセンジャーなのだと気が付いた。変わりゆく自然の中で、時には人間が作り出したものを自らの生活に取り入れて命をつなぐ彼らは、その代償として事故や中毒に遭っていたのである。私たちはこの現実を謙虚に受けとめ、人間社会がもたらす彼らへの軋轢（あつれき）の補償として環境を治療する義務があり、野生動物の救護活動もその一つとして位置づけるべきなのだ。

たまたま私が動物たちと直接接する機会の多い獣医師だったから、彼らの健康状態や行動を通して分かった自然界の実態も多かったに違いない。そうであれば、野生動物の通訳として彼らのメッセージを人間語に訳し、分かりやすく人間界のしかるべき場所に伝えることも、治療に加えて私が行うべきことなのではないかと考え始めた。また野生動物たちが傷つく原因の多くに人間が関与していることからも、彼らが安心して住める環境を再び取り戻せるよう、野生動物側の「弁護士」として人間界に働きかけることも私に課せられた責務なのだと思っている。一般市民の自然や野生動物に対する意識の底上げには、現状に関する正しい知識をいかに多くの人に持ってもらうことができるかが勝負だ。

野生動物を介してさまざまな環境問題が見えるようになってくると、一体何から手を付けたらよいかと迷うこともある。そんなとき自分自身に言い聞かせる独り言は「何ができるかじゃなく、何をやるかだろう！」だ。一見手に負えないような大きな課題に直面しても、見て見ぬふりをするのではなく、小さな半歩を踏み出す人間でありたいと思う。彼らといつまでもこの地球上で暮らしていきたい——。ただその強い気持ちに後押しされ、今日も私は野生動物と向き合う。

夏休み期間中、昨年も多くの学生が私の元を訪ねてきた。年齢は小学生から高校生まで、自分たちの夢や進路について相談に乗ってもらいたいというのがその理由だ。中には家族を説得し、はるばる本州や九州からやって来た若者もいた。自然保護に関わる仕事や野生動物の獣医師を目指したいが、親や先生に相談した所そんな夢のようなことを考えないで現実を直視しなさいと言われた……と、真剣なまなざしで訴える学生が多い。しかし彼らは、自分たちの将来について実に真剣に考えている。メディアや本を介して知った私の取り組みに共感し、インターネットなどを駆使して自ら情報を集め、それぞれの価値観と照らした上で、一番就きたい仕事として位置付けてくれているのだ。以前から、私の所には何人かの学生が進路相談に来ていた。10年ほど前までは、動物病院や動物園の獣医師になりたいのだが……という相談が多かったが、今では野生動物を専門に診る獣医師として希少種の救護や環境保全に関わりたいなど、すでに具体的な目標を見据えて意見を求めに来る者が大半だ。

日本獣医畜産大学で野生動物医学を専攻して社会に出た20年余り前、私は異色の獣医師として同業者や一般市民から見られることも少なくなかった。ようやく現在では傷ついた野生動物の救護活動のみならず、高病原性鳥インフルエンザなどの人獣共通感染症や希少種の保護、そして環境治療への取り組みなど、徐々に野生動物を診る獣医師としての存在意義が社会に認められるようになってきた。とは言え野生動物を仕事の対象とする獣医師の職域はまだ非常に狭く、保全医学のプロとして獣医学や生態学の知識と技術を生かしながら活躍できる職場は多くはない。そのため来所する若者たちを不用意にこの世界に勧誘し、無責任に夢を抱かせないようにはしている。発展途上の職域を目指すのであれば、それなりの覚悟と心構えを持たなければならない。自分たちの居場所を自力で切り開き、耕していくしかないのだ。半面、野生動物の獣医師が将来活躍できる職域の広さや深さはいまだ未知数。それだけに夢のある仕事であるともいえる。

十数年前、オオワシの調査で訪れたサハリンで、今では心の支えとしているある言葉に出合った。当時、終わりの見えない鉛中毒やサハリン開発問題の解決に奔走していた私は、心身共に追い込まれていた。例年のように軍用トラックを借り上げ、ワシの営巣地を一つずつ訪ね、その年の繁殖状況や環境の変化などを調査していたが、長雨の影響で川が氾濫し道路はことごとく通行止め。何度も迂回（うかい）し新たなルートを試みるも、なかなか目的地に到達できない。「ロシアは大変だね。思った通りには行かないね」とトラックの運転手に語りかけると、彼の口から次の一言が発せられた。

「決まった道なんてないさ。ただ目的地があるだけだ」

私はその言葉に一瞬息をのんだ。彼にしてみれば何気ない一言だったのだろう。しかし、いろいろなことが思い通りにいかず、なかなか目的を達することができない自分にいら立っていた私の心に、その言葉は深く突き刺さった。そうか、目標さえ見失わなければ道は必ず開ける、たとえその道のりに障害があっても迂回したり新たな道をつくればいいんだ――と。

夢への思いを強く持ち、目標を見据えて諦めずに半歩ずつ足を進める者だけが、巡り来るチャンスをつかみ取ることができる。そう私は思っている。後輩諸君へのエールとして、私はこの座右の銘を贈りたい。

〝決まった道はない、ただ行き先があるのみだ！〟

あとがき

北海道新聞夕刊の紙面で「野生動物を診る　道東から」という連載を執筆したのは、2008年5月から2010年4月にかけてのこと。一般にはなじみの薄い野生動物専門の獣医師という視点から、仕事の内容や野生に生きる動物たちの現状を発信するという試みに対し、読者から多くのコメントや感想が寄せられ、その反響の大きさに毎回驚いていた。

連載終了後1年ほどして、同社出版センターの三浦昌之さんから、書籍として世に出す提案をいただいたときは、とてもうれしかった。小学生時代を外国で過ごした私には、理科や社会、地理などの少し専門性が高い内容を取り扱った、美しい絵やカラー写真をふんだんに使った「ピクチャーブック」の存在が強く印象に残っていたからだ。授業の副読本であるにもかかわらず、いつも新学期早々に読み切ってしまったのをよく覚えており、いつかそのような本を作ってみたいとひそかに胸に温めていたのだ。

本の執筆に当たっては、当時の連載記事は執筆時の足跡として「治療室から」などでできるだけ残し、新鮮な情報や書き切れなかったことも加え、新たに原稿を作ろうと考えた。そしてできるだけ多くのカラー写真や図表を使い、ビジュアル的にも楽しいものにしようと思った。しかしながら、ここからが苦難の連続だった。

診療や野外調査の合間を見つけては執筆に当たってみたものの、なかなかじっくりと腰を据えて取り組むことができない。結局、日本では早朝や夜中に膨大な写真やデータと格闘し、出張先のロシアやインドネシア、カタールなどでもキーボードをたたくことになった。さらには、車中はもちろんのこと、航空機や船内、そしてランタンの明かりが揺れるテントの中でも手帳にペンを走らせた。

という訳で、出来上がった本の多くの部分が書き下ろしに近く、新聞連載とはまた異なる、自分の野生動物専門の獣医師としての活動の全貌を知っていただける内容になったのではないかと思うのだが、いかがであろうか。

気が付けば3年もの歳月が流れていた。その間、一向に上がってこない原稿を辛抱強く待っていただき、その時々で励ましてくださった編集者の三浦さんには、言葉に尽くせないほど感謝している。また、環境省釧路自然環境事務所の歴代所長をはじめ、その時々の担当官の皆さまには、希少種のデータや写真の取り扱いに関し、多くの相談に乗っていただくとともに特段のご高配をいただいた。さらに、貴重な写真を快くお貸しいただいた多くの友人たちは、この本をより臨場感溢れるピクチャーブックとするのに大きな力を貸してくれた。

北海道新聞釧路報道部の元写真記者でフリーカメラマンの稚吉(あきよし)洋子さんは、同社退職後もたびたび私のフィールドでの活動に同行し、数々の写真を撮ってくださった。彼女の写真を多く使い、ビジュアル性に秀でた作品に仕上げてくださったのは、装丁家の須田照生(しょうせい)さんだ。本書制作にご協力いただいた全ての方々へ、ここに最大限の感謝の意を表したい。

最後に、いつも私の活動に深い理解を示し、支えてくれている近しい関係者の皆さま、渡辺有希子副代表をはじめとする猛禽(もうきん)類医学研究所スタッフのみんな、そして私自身に生きる意義を与えてくれている野の者たちに、心から感謝申し上げる。

2014年5月　　齊藤　慶輔

著者をより詳しく知るために――

著者が執筆した論文、文献や共著書などを挙げる。猛禽類を取り巻く現状や、保全医学（野生動物医学）について深く学びたい方は参考にしていただきたい。

※執筆者名.標題.掲載媒体と発行・刊行元（発表年）の順

1）齊藤慶輔. 野生動物救護ハンドブック. 文永堂出版（1996）

2）Saito K, Kurosawa N, Ryoji Shimura. Lead poisoning in endangered sea-eagles（*Haliaeetus albicilla, Haliaeetus pelagicus*）in eastern Hokkaido through ingestion of shot Sika deer（*Cervus nippon*）. Raptor Biomedicine Ⅲ including Bibliography of Diseases of Birds of Prey. pp.163-166. Zoological Education Network, Inc.,Florida（2000）

3）齊藤慶輔. 第1回「野生生物と交通」研究発表会講演論文集. シマフクロウ（*Ketupa blakistoni*）の交通事故　―野生動物医学的考察―（2002）

4）齊藤慶輔. 事例 オオワシ・オジロワシの鉛中毒. 生態学からみた野生生物の保護と法律.（財）日本自然保護協会編. 講談社（2003）

5）齊藤慶輔. 禁止されても無くならない不思議 鉛弾中毒死問. FAURA. pp.26-27. 北の国からの贈り物（株）（2006）

6）齊藤慶輔, 渡辺有希子. 日本野生動物医学会誌. Vol.11　No1. pp.1-17. 北海道における希少猛禽類の感電事故とその対策（2006）

7）齊藤慶輔, 渡辺有希子, 黒沢信道. 風力発電施設へのオジロワシの衝突事故―現状とその傾向―. 北海道地区三学会. 講演要旨集.（2008）

8）齊藤慶輔. 希少猛禽類の保全医学的保護活動. 日獣生大研報 57, pp.31-37.（2008）

9）Saito K. Lead poisoning of Steller's Sea Eagle（*Haliaeetus pelagicus*）and White-tailed Eagle（*Haliaeetus albicilla*）caused by the ingestion of lead bullets and slugs, in Hokkaido Japan. Ingestion of Lead from Spent Ammunition: implication for Wildlife and Humans. pp.302-309. The Peregrine Fund. Boise, Idaho, USA（2009）

10）齊藤慶輔. 野生動物のお医者さん. 講談社（2009）

11）齊藤慶輔. 鉛中毒から猛禽類を守る―オオワシ―. 155-177. 日本の希少鳥類を守る. 京都大学出版（2009）

12）齊藤慶輔. 北海道における大型希少猛禽類の事故およびその対策 －特に交通事故と感電事故について. モーリー. pp.26-29. 北海道新聞野生生物基金.（2009）

13）The Eagle Watchers, Observing and Conserving Raptors around the World. Cornell University Press. Ithaca, USA

14）Saito K. Steller's Sea Eagle.

15）齊藤慶輔. 傷病希少猛禽類からのメッセージ. JVM. Vol.64. No.6. 文永堂出版（2011）

16）齊藤慶輔. 渡辺有希子. 第10回「野生生物と交通」研究発表会講演論文集. 北海道におけるオオワシ・オジロワシのレールキル ～保全医学的考察と対策の検討～（2011）

17）齊藤慶輔. 北海道で発生した野鳥のHPAIと感染症情報の共有. 家畜と野生動物の共通伝染病に対する国際地域連携による早期警報システムの構築 = Early warning system for emerging zoonotic diseases in Asian regions and the world: the wildlife/livestock interface. 日本大学生物資源科学部国際地域研究所叢書; 27. 日本大学生物資源科学部国際地域研究所 編（2013）

18）齊藤慶輔. 北海道におけるオオワシへの脅威と保護の取り組み, Treats and conservation activities of the Steller's Sea Eagle, in Hokkaido Japan. オホーツクの生態系とその保全. 北海道大学出版（2013）

■著者プロフィル

齊藤 慶輔（さいとう・けいすけ）

1965年、埼玉県生まれ。獣医師。

幼少時代をフランスで過ごし、野生動物と人間の共生を肌で感じた生活を送る。1994年より環境省釧路湿原野生生物保護センターで野生動物専門の獣医師として活動を開始。2005年に同センターを拠点とする猛禽類医学研究所を設立、その代表を務める。絶滅の危機に瀕した猛禽類の保護活動の一環として、傷病鳥の治療と野生復帰に努めるのに加え、保全医学の立場から調査研究を行う。近年、傷病・死亡原因を徹底的に究明し、その予防のための生息環境の改善を「環境治療」と命名し、活動の主軸としている。テレビ『プロフェッショナル仕事の流儀』『ソロモン流』『ニュースゼロ』『SWITCHインタビュー 達人達』などに出演、反響を集めたほか、2009年冬、映画『ウルルの森の物語』（配給：東宝）の主人公のモデルとなる。世界野生動物獣医師協会理事、日本野生動物医学会幹事、環境省希少野生動植物種保存推進員。

著書に『野生動物のお医者さん』（2009年 講談社）など。

猛禽類医学研究所
〒084-0922 北海道釧路市北斗2－2101
環境省 釧路湿原野生生物保護センター内（活動拠点）
Tel 0154-56-3465
URL http://www.irbj.net/
E-mail irbj@irbj.net

撮影　稙吉　洋子
（カバー表・裏、1・7・103・145・179・217・222・223・243の各頁。ほか特に明記したもの以外は著者および著者関係者撮影）

装丁　須田　照生

野生の猛禽を診る
獣医師・齊藤慶輔の365日

二〇一四年六月五日　初版第一刷発行
二〇一九年十一月二十七日　初版第三刷発行

著者　齊藤　慶輔
発行者　五十嵐正剛
発行所　北海道新聞社
〒〇六〇-八七一一　札幌市中央区大通西三丁目六
出版センター（編集）〇一一-二一〇-五七四二
（営業）〇一一-二一〇-五七四四
https://shopping.hokkaido-np.co.jp/book/

印刷　札幌大同印刷株式会社
製本　石田製本株式会社

ISBN978-4-89453-739-2